江苏高校优势学科建设工程三期项目（苏州科技大学城乡规划学）资助出版

文化·权力·空间：
上海创意型城市更新的维度与探索

Culture, Power, Space:
Dimension and Exploration of Creative Urban Regeneration in Shanghai

高小宇　著

中国建筑工业出版社

图书在版编目（CIP）数据

文化·权力·空间：上海创意型城市更新的维度与探索 = Culture, Power, Space : Dimension and Exploration of Creative Urban Regeneration in Shanghai / 高小宇著. —北京：中国建筑工业出版社，2020.12

ISBN 978-7-112-25550-4

Ⅰ.①文… Ⅱ.①高… Ⅲ.①城市规划—建筑设计—研究 Ⅳ.①TU984

中国版本图书馆CIP数据核字（2020）第185884号

责任编辑：焦 扬 陆新之
责任校对：党 蕾

文化·权力·空间：上海创意型城市更新的维度与探索
Culture, Power, Space : Dimension and Exploration of Creative Urban Regeneration in Shanghai
高小宇 著
*
中国建筑工业出版社出版、发行（北京海淀三里河路9号）
各地新华书店、建筑书店经销
北京京点图文设计有限公司制版
北京建筑工业印刷厂印刷
*
开本：787毫米×1092毫米 1/16 印张：13½ 字数：215千字
2021年1月第一版 2021年1月第一次印刷
定价：56.00元
ISBN 978-7-112-25550-4
（36565）

序　言

创意，creation，是个舶来词，能够追溯到拉丁文中的 cre ā re，是经由祭祀环节来催生出新事物。在古代，创意因为有着和神的连接而具有重要意义，沿用至今，它已经成为当今城市转型发展的重要驱动力。通过转化创意人的智慧，产生出高附加值的产品、空间甚至是城市，它们相互交织、相互作用，深刻影响了城市的文化、权力和空间格局。

上海于 2010 年加入联合国教科文组织下的“全球创意城市网络”，在 2017 ~ 2035 年的《上海市城市总体规划》中，也将“打造全球设计和时尚产业中心、创意设计中心”作为塑造城市国际影响力的重要内容。另一方面，自一百多年前的租界到四十年前的改革开放，上海在城市变革和迅猛发展的每个阶段始终站在全球发展的风口浪尖，因此，上海的城市更新也不能跳脱全球城市发展的语境而存在。同时，上海由于独特的条件与地位又注定它在强大的权力、资本以及全球化力量所裹挟的消费主义和创意浪潮中所发生的社会空间的变迁更为迅猛、剧烈，在内涵式发展的背景下所催生出的城市更新现象更加的丰富多元，上海正在成为全国乃至全球生机勃勃的创意发展样本。

在此背景下，建筑师所针对的物质空间更新同样置于创意的驱动下。原作设计工作室深度参与的上海各种类型的城市更新项目，如上海当代艺术博物馆（由南市发电厂更新为艺术博物馆）、解放日报社（由“严同春”宅更新为创意办公场所）以及杨浦滨江的公共空间设计和工业遗产的更新改造都以创意为媒，所获得的空间成果着创意之实。本书作者高小宇在上海求学、在原作设计工作室参与理论和实践研究的这些经历促使他对于创意型城市更新深入思考，并促成了今日的成书。面对新的城市发展机遇，作者发掘了创意与城市更新在文化、权力和空间层面的互动，探索了创意型城市更新的维度与模式，这是一件紧迫且有意义的工作。

章明
同济大学建筑与城市规划学院教授，博导
原作设计工作室主持建筑师

前 言

以创意为导向进行城市更新是发展知识经济和城市内涵式增长的必然要求。但是自 20 世纪 80 年代以来，新自由主义和权威主义主导下的空间生产模式造成了上海城市空间的盲目扩张和严重的社会分异，进而造成了创意资源的低效配置和流失，忽略了文化多样性的培育和阶层之间的公平正义，损害了城市的创意条件。针对客观的诉求和问题，上海创意型的城市更新模式亟待被研究。本书由 6 章组成，各章节主要内容如下。

第 1 章，首先明确了研究的多维视角，通过梳理吉登斯的结构化理论、列斐伏尔的社会空间理论和福柯的权力理论，分别对本书中的文化、权力和空间的概念进行了明确界定；进而结合卡斯特的城市系统理论对城市更新的内涵进行了理论层面的解读，同时从“文化—权力—空间”（C-P-S）三元互动的角度提出了研究城市更新问题的 CPS 理论框架。

第 2 章，首先研究了与创意城市相关的两大理论——元创新体系理论和创意社区理论，提取城市的创新领域或要素，然后结合 CPS 理论框架提出了针对创意型城市更新的 CPS 理论和行动框架（包括相应的评估模式）。其中，文化（培育）是关键，权力（机制）是保障，（创意）空间是基础，创意城市是三者共同的目标，城市更新则是一种建设创意城市的手段。

第 3 章，在文化、权力和空间的维度下研究上海现有的新自由主义导向下的空间生产机制、社会空间现象；梳理了上海现有创意资源和研究文献，提出了创意空间所存在的问题，为下文具体的模式研究提供了针对性的语境。

第 4 章，基于保持并激发文化多样性和创意文化活力度，以及促进创意培育、传播的前提，提出了城市更新中集聚混合的空间策略，并在多个尺度层面加以研究。在宏观层面研究上海未来城市更新拓展区的布局、产业区与公共社区的整合，并以杨浦区为例论述创意型城市更新的空间策略；在中微观层面研究从单一封闭的创意产业园转向多元开放的创意社区的空间策略。

第 5 章与第 4 章并列，在权力层面研究多元主体的共同参与机制，通过苏荷和田子坊的案例分析去研究自下而上或自上而下的单一城市更新路径的不足，并最终对现有的资源配置和权力组织方式提出了改革意见，包括社会力量的强化、公民空间权的调整、项目中的强制和激励政策、发挥市场的力量、创意项目的金融化资助等，形成了对空间模式的有效支撑。

第 6 章，基于前文的研究，在一定的时空序列上形成“文化—权力—空间”模式的整合，最终在 CPS 框架下形成完整、系统、可持续的上海创意型城市更新模式。

本书基于城市具体的政治经济和文化语境，把创意城市的相关研究成果和最新的实践项目运用到城市更新的空间模式研究中，系统性地研究了创意与城市更新在文化、权力和空间层面的互动，具有一定的创新性。本书主要面向高等院校、科研机构的师生和相关研究人员，同时也适合于关心城市发展问题的社会各界人士选择性地阅读。

目　录

第 1 章　绪论

1.1　现状与背景

1.1.1　城市空间扩张与文化失落

从广义上来说，城市更新是城市新陈代谢的表达，在物质上表现为政治经济力量主导下的空间生产，在社会层面上表现为市民的生活方式和文化的转变。城市的向内集聚与对外扩张构成了城市化的基本张力和辩证关系。但是城市化的快速进程不能随着信息、能量和物质流动速度的提升而损害生态的承载能力，因此，本书着眼于一种更加内向、集聚、可持续的城市更新模式。

自从资本市场在全球确立了普遍性和主导性的地位以来，城市的发展似乎都把“时间—空间修复”或固定资产投资放在了第一位，着重于建筑、基础设施建设而忽略了市民的日常生活、文化传统和社会公平正义等问题。对于中国而言，非均衡发展的极化开发战略造成了诸多负社会外部性和社会经济的不可持续，并以一系列的不良社会地理效益对极化开发形成了负反馈（杨上广，2006）。特别是接入全球资本主义经济的轨道之后，中国城市在过去三十多年的高速发展中大拆大建，承载社会关系的空间网络逐渐被同质化的资本空间所替代，各个社区的文化生态系统遭到破坏，城市的文化内核逐渐从日常生活的微观层面开始瓦解与重构。

近年来，“城市更新”在中国的城市理论研究和政府政策的制定中被热烈讨论，特别是上海、北京、深圳等用地紧张的大城市，城市更新已成为“官方认定”的城市发展模式，虽然其理论研究和政策体系的构建还远未成熟。城市更新鼓励城市集约发展、盘活存量，而非传统土地经济下的城市规模盲目扩张；鼓励地块的环境整治和再开发，而非放任自流；鼓励既有建筑的保护、功能置换和合理的改扩建，而非推倒重建。它是对先前城市粗放发展模式的反思和土地资源短缺的回应，但目前推行的一系列政策、模式很少直接触及文化、权力等深层问题。

1.1.2 知识经济成为城市发展的驱动力

城市的发展是通过社会结构和市民群体共同维系的，它是一个相互作用的回路。但是技术的革新、地区性 / 全球性资源配置的变化会不断地打破社会结构与市民群体之间的平衡关系，这就是城市发展的动力机制。它一方面取决于城市的政治经济条件，其中由技术主导的经济状况是根本；另一方面又取决于城市不同阶层的能动性和文化状况；前者与后者相互联系。

"当前，我国经济发展进入新常态，物质要素投入的驱动力减弱，经济增长要更多依靠人力资本和技术进步，让创新成为驱动发展的新引擎"（王铁军，2016）。上海正处于知识经济和产业转型背景下新的发展阶段之中，是国家创新发展的龙头城市，创新力已成为城市发展的核心动力。随着知识经济的发展和创意阶层的兴起，适时地提出"创意城市"概念具有战略和现实意义，"创意城市"已经成为上海未来发展的重要目标。

《上海市城市总体规划（2017—2035 年）》提出了"2050 年全面建成卓越的全球城市，令人向往的创新之城、人文之城、生态之城，具有世界影响力的社会主义现代化国际大都市"的目标愿景，其中城市的创新能力被提到了首位，并在随后提出了底线约束、内涵发展和弹性适应的城市发展模式转型。因此，"创新驱动、转型发展"、科技创新和文化创意相结合是上海迈向卓越全球城市的必然道路；而以城市更新为代表的内涵发展模式是激发城市创新活力，促进空间利用向集约紧凑、功能复合、低碳高效转变的重要途径。

本书以两个共识为前提：①城市必须紧凑、集约发展，以实现其自身的"有机更新"；②城市必须能够培育多样的文化，激发全社会的创造力。

对于本书的研究背景而言，如何以创意为导向，通过城市更新来促进文化培育，完善权力机制，重组内城的社会空间结构，培育城市创新 / 创意体系已经是一个亟待解决的问题，它关乎上海的和谐发展和国际竞争力。创意城市目标下的城市更新不仅着眼于创意经济的快速发展，更要创造性地促进社会各阶层的融合和文化多样性的培育。

1.2　理论分析和概念界定

城市一方面由人建立，另一方面自其建设之时起就在不断地形塑人。城市研究的思潮大体上有两类，一是基于马克思主义的政治经济学范式，认为经济学的要素（包括生产、交换、分配等）和它们的运行机制主宰着城市空间的发展，经济基础决定上层建筑，而与文化相关的一些要素以及个人的行为都是次要的；二是以韦伯（Max Weber，1864—1920）为开端，认为文化传统、价值等要素对于政治经济的发展具有重要作用（如阿尔都塞的意识形态国家机器、法兰克福学派），对城市空间的发展也具有直接的显性作用（如列斐伏尔的空间生产理论）。

从城市研究的发展趋势来看，经济、政治、文化等愈发成为影响空间的共同因素，它们相互影响、相互作用，且并不赋予某一因素决定性的地位，研究视角也从单一转向多维。如果把政治经济学中对资源的支配和转换能力看作权力的话，那么文化（culture）、权力（power）和空间（space）则是目前城市研究中三个最主要的视角和内容。本书希望建立文化—权力—空间相互关联的多维研究视角，进而对城市更新进行全面系统的研究。

1.2.1　基于结构化理论的"文化"内涵界定

文化是一个重要、多元且难以定义的概念。"18 世纪的法国开始在法语中以一种完全的意义使用'文化'一词，它意指训练和修炼心智的结果和状态；直到 19 世纪中叶，'改进'和'发展'这样的内涵才开始脱落出来"（巴格比，1987）。进入 20 世纪，对文化的界定大多来源于等级与分类。人类学家通过文化来区分西方与他者，通过不同的文化现象来决定不同文化群体的价值序列，"文化多元论"开始出现；文化精英主义者通过文化区分了高端文化和大众文化；由于哈罗德·加芬克尔开创了常人方法学（ethnomethodology），使得社会学的文化研究从非常转为平常和大众，承认了平常生活的价值；后结构主义者通过对语言学的研究突出了意义的不确定性，从而对精英的逻各斯中心主义进行批判。但是，无论文化研究者基于何种视角对文化进行界定和描述，文化依然基于分类，这个分类系统依然与生产政治经济差异的社会结构密切相关。以下笔者把社会学家安东尼 • 吉登斯（Anthony Giddens，1938—）的“结构化理论”（Theory of Structuration）作为界定文化概念的理论框架，提炼出本书“文化”概念的内涵。

在吉登斯提出“结构化理论”之前，社会学研究领域对于社会整体结构与个人行动之间的关系有两种截然相反的看法，一种以功能主义和结构主义学派为代表，另一种以解释学以及各种形式的“解释社会学”为代表。前者强调社会整体（结构）相对其个体组成部分（人类主体的行动）而言具有支配性；而后者的思想观念体现了一种“人本主义”，甚至唯意志论的倾向，如“最个人化的东西就是最普遍的东西”（罗杰斯，2004），它过分地强调了主体的能动性，而忽视主体经验之外物质世界的制约作用。吉登斯则认为，行动者和结构二者并非是二元的独立存在，而是体现着一种结构二重性（duality of structure），结构既是行为的媒介，又是行为的结果，即同时具有制约性和使动性。

在主体之间，通过循环往复的实践进行交往互动从而产生了相对稳定的社会系统，把社会系统所具有的“结构化的性质”（structuring property）定义为结构。具体而言，结构指的是“使社会系统中的时空‘束集’在一起的那些结构化特性，正是这些特性，使得千差万别的时空跨度中存在着相当类似的社会实践，并赋予它们以‘系统性’的形式”（吉登斯，2016）。换言之，从本体的角度看，结构并不是先验的存在，而是一种“虚拟秩序”，它使得社会的互动行为不断地再生产。它具体体现在各种社会实践中，内在于人的活动，实践体现着结构的特征，实践在时空中的最深度沉积形成了制度（institutions）。

结构由“规则”和“资源”构成，实践处于规则与资源相互交错的地带，规则催生出实践，而资源是规则的实现手段和基础。从结构的制约性角度来看，主体的行动必然受制于意义的掌握与沟通、社会的认可与制裁、资源的支配与运用；反过来看，它们同时是能动性的基础。其中，规则呈现出解释框架（指意义交流）和规范（指行动制裁）两副面孔，前者指“行动者在互动过程中所应用到的知识储备中的标准化因素，解释框架形成了共有知识的核心，通过在互动过程中利用这些知识，可以理解的普遍性意义得以维持”（吉登斯，2015），其中“共有知识”（mutual knowledge）是行动者的话语意识（discursive knowledge）无法直接察觉到的，它无法被言明，绝大多数又是实践性的，即大量存在于行动者的实践意识（practical consciousness）中。它构成了人类认识能力的核心，因为“有关自身及其他人群社会习俗的知识，须以‘应付’社会生活纷繁复杂的各种具体情境的能力为前提，而这种知识巨细靡遗，令人眩惑”（吉登斯，2016）。也就是说，法律条例、科层规章本身并不是规则，而是规则的规则化解释，它是规则的浅层特性，靠话语意识来把握，在日常实践活动中人们大多不会有意识地去调用明文的条条框框来指导行为，而是通过规则的深层特性——实践意识，自觉地行动。在这个意义上，社会上具有实践能力的人都是社会学家；“规范”体现为强制和诱导两种形式，它确保了行动者对于自身行动的“可说明性”（accountability）。

构成支配结构的资源有两种：一种是配置性资源（包括环境的物质特征、物质生产 / 再生产的手段、产品），来源于人对自然的支配；另一种是权威性资源（包括对社会时空的组织、身体的生产和再生产、对生活机会的组织），来源于驾驭人的活动的能力（吉登斯，2016）。

从吉登斯对它们的定义上看，前者指的是社会发展中的经济力量，这是马克思所主要关注与强调的；后者指的是政治力量或社会资本，共同体本身即是储存权威性资源的“容器”。它们两者可以单独也可以同时与规范（制裁）联系在一起。物质资源的增长对于权力的扩张来说，确实具有根本意义；但如果没有权威性资源的变化，配置性资源也不可能得到发展（吉登斯，2016）。同时，资源在时空上的不均匀和不对称分布形成了行动者不同的转换能力和支配能力。

在结构（规则和资源）和行动之间，“权力”是结构二重性得以成立的关联性要素。一方面，作为具有能动性的行动者，无论在何种情况下，人总是可以运用自身的“转换能力”（transformative capacity）来达到某种目的（不管结果如何），在这个意义上，“权力并非自由或解放的障碍，而恰恰是实现它们的手段”（吉登斯，2016）；另一方面，在社会的互动系统中，由于个人禀赋的差异导致权力的差异，必然存在一方对另一方或对自然的支配，这两者都依赖于资源的媒介作用（图 1.1）。同时资源作为社会系统的结构性要素，又在行为的互动中得以再生产和重构，这构成了一个二元互动的关系，即“控制的辩证法”（dialectic of control）（图 1.2）。在这里，社会系统中的权力可以被看作是“社会互动过程中自主与依赖的关系的再生产”（吉登斯，2015）。因此，在结构化理论的框架下，资源的储存能力和权力的时空延伸能力决定了社会的变迁形式。

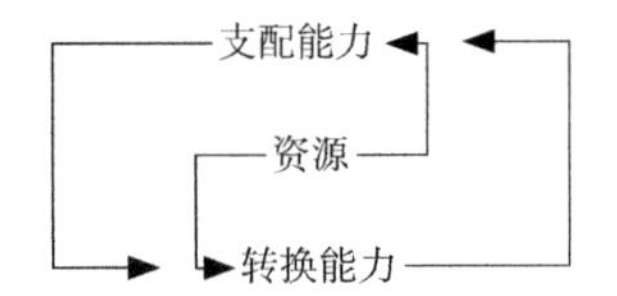

图 1.1　资源、支配能力和转换能力关系模式

（图片来源：吉登斯 . 社会理论的核心问题：社会分析中的行动、结构与矛盾 [M]. 郭忠华，徐法寅，译 . 上海：上海译文出版社，2015：101）

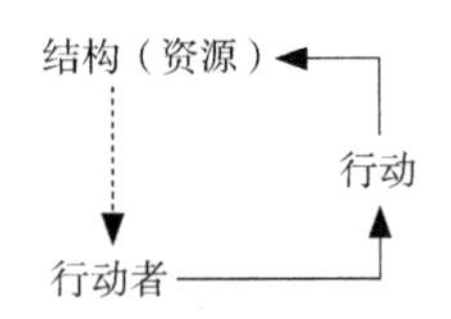

图 1.2　资源的控制辩证法

（图片来源：郭忠华 . 转换与支配：吉登斯权力思想的诠释 [J]. 学海，2004（3）：50）

概言之，通过考察吉登斯的结构化理论我们可以发现，权力的自主和依赖关系是辩证地分析社会系统的核心要素。“如果没有权力差异，就没有社会差异”（费斯克，2001）。在此，本书把文化定义为：由特定社会群体分享的“共有知识”，它是一种意义的集合体。

对于共有知识，前面已经概要地提及，它可以等同于实践意识，它是一种在行为实施过程中能够被娴熟运用的默会知识，类似于我们通常所说的风俗习惯、文化传统（例行常规），行动者很难对其进行话语形式的表达，它存在于话语意识与无意识之间的灰色地带。因此，根据吉登斯的理论，本书中的“文化”有三层含义：

①由于它是在不断互动的历史中逐渐建构和不断更新的，涉及行动者在实践意识的支配下对他们共同在场情境下的互动实践进行反思性监控，对日常接触实现时间上的例行化（routinization）；它是一个从内部发展的积极过程，而不是自上而下强加的产物，因此本体上来说文化是反本质主义（anti-essentialism）的。

②文化是一个属类的规则，它是在一个集团或一个社会的不同成员中反复发生的行为模式。但是由于它内在的行为规则深植于记忆和无法准确地被言说，同时与情境性（contextuality）密切相关，因此从认识论上来说一种文化或不同文化的差异性必须在实践中通过权力、资源、场所等一系列的范畴关系去把握。

③由于“没有哪一种社会实践表现了某种单一的规则或者某种类型的资源，也没有哪一种规则或者类型的资源可以单独说明社会实践”（吉登斯，2015），因此对于一个完整的社会系统集合，文化作为其元素具有集体性和相互叠加性。概言之，不同的情境下，每一个独立的主体可以扮演不同的文化角色，可以属于不同的文化群体。

因此，所谓的文化产品（cultural products），如地方的节日庆典、饮食习俗、文学、手工艺以及城市建成环境等，可以被理解为文化群体通过态度、信仰、价值观、意见、思想、身份、艺术甚至行为清楚表达出来的“可读的”文化文本，它是产品创造者的知识的表达。这里的“文化”是一个分类的范畴，具有阶级和阶层的属性（性别、年龄、种族、收入、教育水平等）特征。根据社会学家皮埃尔·布尔迪厄（Pierre Bourdieu，1930—2002）的资本（指经济资本、社会资本、文化资本）理论，各大阶级的区分由“资本总量、资本结构和这两个属性在时间中的变化来确定；最初的差别可以在实际上可利用的一系列资源和权力的资本总量中找到其根源”（布尔迪厄，2015）。这进而决定了不同阶级和阶层的生活条件、场域，不同的生活条件建构出不同的习性（构成实践和对实践的认识以及被建构的结构）模式和趣味，它所体现的正是这里所指的文化区分。

1.2.2 社会、历史视角下的“空间”和“权力”概念

本书所论述的空间不再是中性、抽象、均质的笛卡尔式的空间，而是列斐伏尔所界定的社会空间，它强调一种涉及资本积累、集体消费、权力运作等一系列社会系统要素的空间关系。“空间既是客观的又是主观的，是实在的又是隐喻的，是社会生活的媒质又是它的产物，是活跃的当下环境又是创造性的先决条件，是经验的又是理论化的，是工具的、策略性的又是本质性的”（布尔迪厄，2015），即空间不仅是生产资料，还是消费对象，也是政治工具。社会不仅生产空间，空间也在积极地建构着社会关系，即无处不在的权力关系。福柯认为，空间是权力运作的基础，同时权力通过制造知识 / 话语来运作、巩固权力关系，权力和知识相互确认。由此可知，空间、权力、文化三者内在联系，密不可分。

在宏观层面，大卫•哈维（David Harvey，1935—）把地理空间的视角带入以生产方式为核心的历史唯物主义分析框架，构建了“历史—地理唯物主义”理论框架，将全球化理解为资本主义将空间作为资本积累的手段和境域的必然结果，从空间的角度丰富了马克思主义，延续并加强了其对当代资本主义批判的有效性。哈维通过分析权力的领土逻辑（政治）和资本逻辑（经济），揭示了当代资本主义如何在地理扩张和空间重组中实现资本积累和推延经济危机的发生（“空间—时间修复”）。正是由于“资本家不断探查和降低空间障碍，并为贸易开发出新的运动形式和空间”，从而形成了永不平衡的地理学景观（哈维，2009）。

对比哈维在全球化背景下，以资本（商品、货币或以生产力的形式）为主要分析对象的城市视角，福柯对于权力在微观层面上（包括物质的和精神的）的具体运作机制更感兴趣，空间对象的尺度更加接近建筑学，也更加容易对日常生活展开研究，而前者则对于本书研究对象所处的宏观结构提供了有力的分析手段。

本小节首先介绍亨利•列斐伏尔（Henri Lefebvre，1901—1991）的空间理论来明确空间的社会属性（广义上的，包括政治经济和文化），然后通过米歇尔•福柯（Michel Foucault，1926—1984）的“微观权力”（micro-powers）

理论和吉登斯的结构化理论来论述“文化—权力—空间”的辩证关系。

在列斐伏尔发表《空间的生产》（The Production of Space，1974）之前，物质空间（physical space）和精神空间（mental space）处于二元对立的状态：空间要么是物质的，要么是精神的，没有第三种可能。在这本书中，列斐伏尔提出了第三个选项——“社会空间”（social space）来消解传统二元对立的空间认知，建构了一种“三位一体”（a triad）的空间观来回答“是意识决定物质，还是物质决定意识？抑或两者都是？”

在“三位一体”的空间观中，同时存在着三个空间：

①物质空间，也称为空间的实践（spatial practice）。它直接产生于具体的社会物质实践，“包括（空间的）生产和再生产，以及每一种社会形态特定的区位和空间布景特征”。它是身体的、具体的、感知性的（perceived）空间。

②精神空间，也称为空间的表征（representations of space）。“它与生产关系及其所强加的‘秩序’相联系，因而它与知识、符号、符码直接相关”，或者说源于科学知识的积累和意识形态的传播。它体现于科学家、规划师、艺术家所创作出来的图纸、图像之中，更体现在所有人的思维蓝图中。它是精神性的、构想性（conceived）的空间。

③社会空间，也称为再现的空间（representational spaces）。它有前述物质空间和精神空间的双重内涵，它非常复杂与特殊，“有时被编码了（笔者注：即有序可循），有时则没有，体现了社会生活隐秘的一面”。它是艺术的、宗教的、生活的（lived）空间。

“在以往的解释中，社会空间被认为是物理空间与精神空间简单融合的空间；正确之解应是，社会空间应该是物质和精神空间总体的解构和尝试性重构，从而产生一个新的开放性选择。这个选择与物质空间和精神空间既是类似的又是不同的，即社会空间应该既是物质的也是精神的，但不仅仅是两者简单的叠加，而是一种螺旋上升的超越”（赵海月 等，2012）。它们三者是一个空间现象的整体（图1.3），只有通过总体的方法才能够正确地理解和把握，也就是说，我们需要对空间同时进行物质形式（资源性的）、知识生产（观念性的）和符号体系的全面解读。

基于上述三种空间类型，大卫·哈维为之细分了四个小类：①可接近

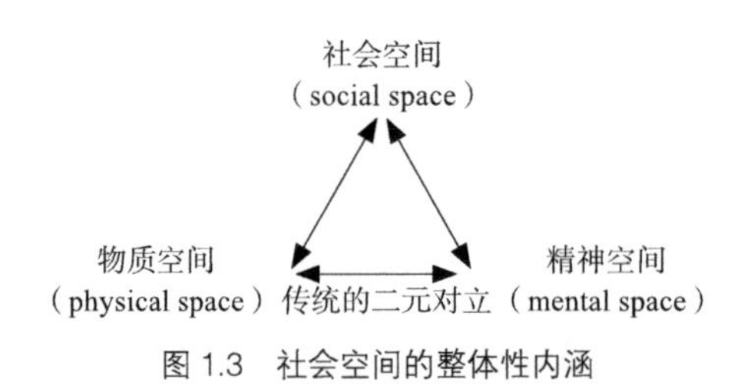

图 1.3　社会空间的整体性内涵

性与间隔化；②占用和利用空间；③支配和控制空间；④创造空间（哈维，2013）。

与列斐伏尔同时期，米歇尔·福柯提出了与"社会空间"相类似的"异托邦"（Heterotopias）的概念，即在我们当下所处的"真实空间"（real space）的反面，永远存在着他性的"虚拟空间"（virtual space），它既是现实的镜像投射，又反向、颠倒着建构现实（福柯，2006）。"异托邦的本质就是向权力关系、知识传播的场所和空间分布提出争议"（布洛萨，2016）。可以说，"异托邦"构成了福柯批判性思想的基础，它暗含于他的所有研究之中，而列斐伏尔则是通过提出建构空间的"三元辩证法"（trialectics），把"异托邦"所具有的空间内涵加以理论化和系统化，他们一暗一明，极大地丰富了空间的社会、历史内涵。

事实上，"异托邦"或"再现的空间"对于文化认同至关重要，因为在特定的文化共同体中，每个个体的空间路径和范围不尽相同，在特定的时空中面对面接触到所有的"文化同类"是不可能的。因此，提供想象的符号要素促进了文化共同体的认同和自我应答的顺利进行，在更广泛的文化层面，大众媒体和流行元素发挥着越来越重要的作用。概言之，文化的培育根植于"空间的实践"并在想象和传播的层面超越于它，空间情境远远超出了物质建构的概念。

福柯的一项重要的学术贡献在于提出了"微观权力"理论，它侧重于在身体尺度的微观层面来论述现代社会的权力运行机制，其中他对于"权力—知识关系"（power-knowledge relations）以及"政治肉体"（body politics）的论述十分精彩、有力。福柯认为，"权力制造知识（而且，不仅仅是因为知识为权力服务，权力才鼓励知识，也不仅仅是因为知识有用，权力才使用知识）；

权力和知识是直接相互连带的；不相应地建构一种知识领域就不可能有权力关系，不同时预设和建构权力关系就不会有任何知识。因此，对这些‘权力—知识关系’的分析不应建立在‘认识主体相对于权力体系是否自由’这一基础之上，相反，认识主体、认识对象和认识模态应该被视为‘权力—知识’的这些基本连带关系及其历史变化的众多效应”（福柯，1999）。同时，对于身体（“政治肉体”）而言，“它们作为武器、中继器、传达路径和支持手段为权力和知识关系服务，而那种权力和知识关系则通过把人的肉体变成认识的对象来干预和征服人的肉体”（福柯，1999）。也就是说，身体作为中介与“权力—知识”构成了一个循环往复的权力运行三角关系，权力造就了关于规训的知识，知识和权力联合转化为话语，“话语是知识的轨迹。话语不仅仅是语言。一种话语就是一种调控权力之流的规则系统，无论这种权力是肯定的，还是司法的。话语在权力和欲望的战斗中刺激和提升兴趣。话语一旦形成，它就为分析提供了一个领域，而这种分析是我们进行自我认识的一个中心部分。因此，一种话语就是一个理解助手”（布朗，2014），通过封闭、分割、隔离、层级监视等一系列的空间分配手段和时间调节手段作用于被规训者的身体，从而达到规范化的目的（背后隐藏着更广泛的政治经济学逻辑），与此同时，身体作为知识的对象，生产了现实和真理的仪式，又反过来扩大和强化了权力关系，使得权力的规训机制渗透进了社会的方方面面，在此，权力是消极和积极的混合体。

不仅对于那些特殊的规训机构，而且在最普遍意义上的日常生活中，权力无处不在，权力也同样不能与日常实践的领域相分离。身体是与权力发生作用与反作用的理论和物理边界，身体产生空间，空间定义着身体。因此，在“权力—知识关系”的理论框架下，权力关系就是空间关系，“每种权力关系背后都有服务于统治技术的特定工具性空间”（王丰龙 等，2013）（图 1.4）。正如阿兰·普雷德所言，“权力作为一种社会关系不仅可以被设想成为完成某个计划确定、要求、允许、支配和以某种方式控制他人在时空中具体路径耦合的能力，而且可以被设想成禁止、阻止和限制这类路径耦合的能力”（格利高里 等，2011），即对空间的控制。

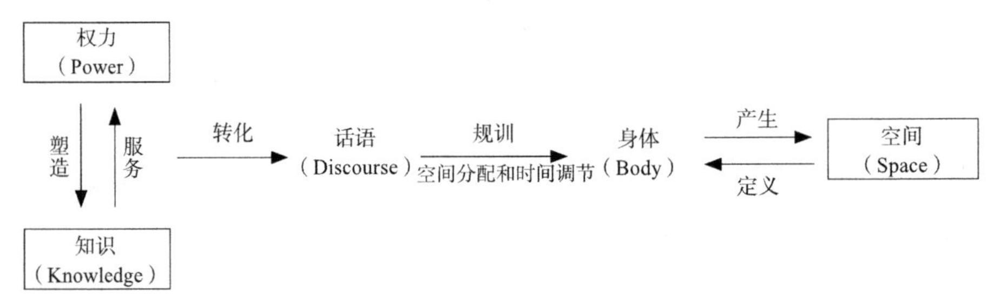

图 1.4 基于福柯的微观权力理论的“权力—空间”关系示意

但值得注意的是，有时权力的空间边界是相当模糊和不确定的，不容易辨认，因此“确定权力范围的关键在于确定那些确实来源于某些具体行动者的作为或不作为的结果的责任”（卢克斯，2008），即特定的权力对应着特定的责任。权力的实施若无后续的（适当）责任履行，如政府对于公共资源的投入和公平分配的机制处理不当，那么就会滋生不满与冲突，导致权力合法性的危机。因此，以保障社会公平为目标的权力制衡机制和资源再分配机制的设计至关重要。

可以说，列斐伏尔与福柯的理论出发点是一致的，他们都关注人的身体。如前论述，列斐伏尔在解释空间的“三位一体”时一直都在围绕着身体，因为“与一个‘主体’（群体或社会成员之一）的空间关系意味着他与自身的关系，反之亦然”（Lefebvre，1991），无论是人的物质实践、文本化的知识，还是象征主义。对于空间与权力的关系，列斐伏尔指出：“空间的实践在规范而不是创造生活。空间本身并不拥有权力，它也不决定空间的矛盾，只有社会中的矛盾。生产力与生产关系只能在空间中呈现，因而引发了空间的矛盾”（Lefebvre，1991），即权力隐藏于空间的组织之中。城市就如文本，是“意义交流的系统，一组符号的集合”，它“告诉我们谁拥有权力，又是如何行使它。它的布局、用途、规模、内部规划和外部设计表现着这个社会中的权力的性质、分配和竞争”（肖特，2015），权力关系决定了主体的空间权利（space rights）。

1.2.3 城市更新

“城市更新”的概念最早源于 19 世纪下半叶英国伦敦的贫民窟清除（slum

clearance）和环境整治运动，它具有社会改革和公共政策的内涵。在英文中通常写作“urban renewal”或“urban revitalisation”（美国），也译作“城市复兴”。但是本书中笔者把城市更新的内涵界定为“urban regeneration”，它超出了“urban renewal”的范畴，因为“renewal”强调的是城市物质环境的改善，侧重点在物，而“regeneration”则包含着人和文化的概念。词源学中，“generation”直接源于拉丁词汇“generationem”，表示“种族、家族、部落群体的繁衍”，因此“regeneration”具有了代际和文化延续的内涵；对于社会而言，它是一个长期的、具有战略意义的目标。在广义上，“医疗卫生、社会政策、住宅、教育、训练、交通、法律、规划和环境标准这类出现在广泛领域的公共政策都与城市更新相关”（罗伯茨 等，2009）。与城市更新概念直接相关的“战后重建、内城复苏、城市再开发、滨水区复兴”等实践往往伴随着更大层面上的城市问题、诉求和变革，如“城市衰退、网络社会、创意城市”。

根据前述的“结构化理论”，行动者与社会结构通过权力的中介进行互动，构成了“控制的辩证法”。城市作为一种空间现象，具有结构化的系统特征。它既是行动者与社会结构互动的产物，也是它们互动的情境，它既体现了自身的结构特性，也体现了人的能动性。因此，研究城市问题的关键在于“结构化”（structuring）地分析城市结构与城市的文化群体之间的关系。这里，笔者借用曼纽尔·卡斯特（Manuel Castells，1942—）教授在《城市问题：马克思主义的视角》（1972）中对城市系统进行的分类。在该书中，经济实体、政治实体和意识形态实体构成了社会系统，其中，经济和政治实体分别对应于“结构化理论”中的“资源”——配置性和权威性资源。按社会物质资料生产总过程中的生产、分配、交换、消费四个环节，把经济实体又进一步分解为生产（P）、交换（E）、消费（C）、行政（A）和符号（S）五种要素，“文化”内在于城市系统之中。创意型城市更新的项目涉及多种创意空间的类型，从城市系统要素的角度看，创意空间主要包括创意产业空间、创意交换空间和创意集体消费空间，其中创意集体消费空间主要包括人才公寓等居住空间、教育空间和社会文化设施。

经过不同阶级或文化群体之间以资本（或生产资料）和劳动力的再生产

为目的博弈，城市系统呈现出不同倾向的空间形态特征。在不同的阶段，城市文化也随着权力机制和空间的变化而改变，但是文化也会对权力和空间产生反向的制约作用。在上述政治经济的背景下，随着政府、私有部门和社区三者权力的变化，西方城市复兴/更新的发展大致经历了三个阶段（表1.1），创意导向下的城市更新则代表了城市更新4.0的发展阶段。

西方城市更新的发展历程 **表1.1**

阶段	第一阶段	第二阶段	第三阶段
时期	20世纪50年代至70年代初	20世纪70年代末至90年代	21世纪开始至今
发展背景及主导的权力	战后繁荣时期；福利资本主义和凯恩斯主义（强调国家干预）	经济增速放缓，高科技竞争开始；新自由主义（强调自由市场和私有化）	经济复苏；新自由主义经济全球化与国家干预主义的结合
更新特点	推土机式重建	地产开发导向的旧城复兴	物质环境、经济和社会多维度的社区复兴
战略目标	清理贫民窟，改善居住环境，提升城市形象	加大市中心文化和商业设施的建设，吸引中产阶级回归	提倡城市多样性混合，注重城市肌理和社区价值保护
更新对象	被“选择的”旧城贫民社区	旧城物质衰退地区	老旧住区、城市工业用地、基础设施等
空间尺度	宗地和社区尺度	宗地尺度向区域尺度转变	多重空间尺度
参与者	中央和地方政府主导，私有部门和社区参与度低	政府开始依赖私有部门的运作和资金，达成双边合作关系，但社区居民的意愿被剥离	政府、私有部门和社区的三边合作，强调公共部门补贴以及社区的参与和制衡作用
管治特点	政府主导，自上而下	市场主导，自上而下	三方合作，自上而下与自下而上相结合

综上所述，从政治经济学的角度，城市更新的研究与城市的主导功能和各方利益密切相关，城市系统的五个要素都会成为更新或干预的对象以满足

博弈“胜出者”对于资本和劳动力的诉求，实现资源的再分配和再生产。在城市理论研究中，当城市被更为恰当地理解为空间现象时，我们可以认为“通过发现话语对立、了解它们是如何凭借权力关系运作的，我们得以理解文化和认同变化的方式。文化、认同和被用来标明差异的空间边界通过人类的动态实践而不断转变，这些实践组织和重新组织了既定的环境，以及人与环境的关系”（史密斯，2005）。

在此，笔者为城市更新（urban regeneration）下了一个较为确切的定义：城市更新源于在集聚的条件下，各种文化共同体在不同权力关系中的互动所导致的资源的再分配和再生产过程，即城市空间的重组，它涉及生产、交换、消费、行政和符号五个要素。同时，它必须统筹兼顾经济效率和社会公正，寻求经济、社会和建成环境的协调发展。

1.2.4　创意城市

创意是人类在实践中的典型特征之一，而密集、复杂和高质量的创意活动必然发生在人口稠密、文化多样性强的城市之中，城市可以提供巨大的创意需求和创意培育条件，有助于形成不同层级的创意网络（企业、产业、集群、区域、国家以及全球网络）。

创意城市（creative city）是近二十年伴随着世界大城市转型而提出的新概念，知识经济或创意经济是它产生的根源，文化创意产业（cultural and creative industries）是创意城市发展的动力。在英国，地方政府自 19 世纪末以来一直在文化政策方面发挥着重要作用，最初主要着眼于支持建筑、音乐、绘画、雕塑、诗歌、舞蹈等传统的艺术门类，形成以图书馆、博物馆、美术馆等为代表的精英化的“创意空间”；但随着电影、电视和广播等大众视听媒体的普及和设计行业的快速发展，文化艺术的内涵发生了巨大变化，文化艺术设施的角色从社会、政治领域拓展到了经济领域，从小众转向大众；20 世纪 70 ~ 80 年代，城市社会运动的开展和文化活动种类的丰富促进了当地政府对社区建设和社会参与的支持；从 20 世纪 80 年代中期开始，文化创意行为在城市的更新、经济增长和城市营销中扮演着越来越重要的角色；20 世纪 90 年代末期，以布莱尔为首的工党政府全面接受了利用文化创意进行经济发展的方针，首次引入了“创意产业”概念，并以此为理论进行文化产业发展的战略规划（Andres et al.，2013）（图 1.5）。

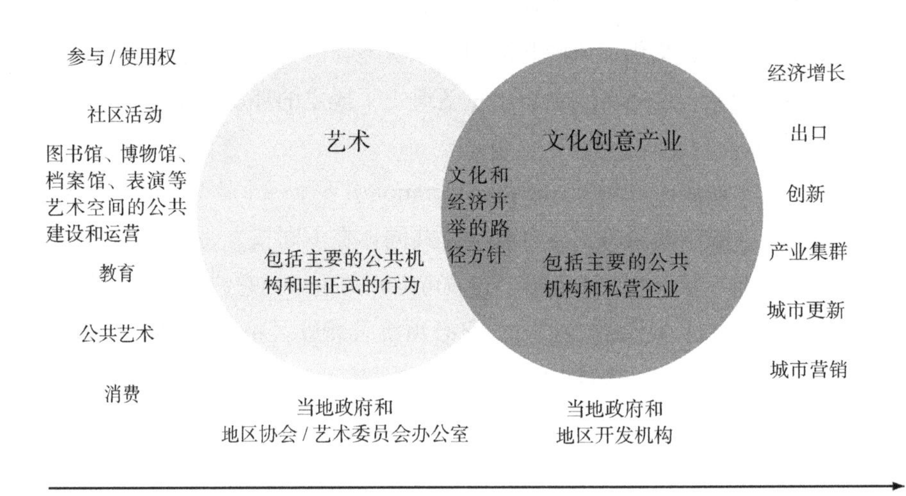

图 1.5　英国的文化创意产业政策发展示意

（图片来源：译自“ANDRES L，CHAPAIN C. The Integration of Cultural and Creative Industries into Local and Regional Development Strategies in Birmingham and Marseille：Towards an Inclusive and Collaborative Governance? [J]. Regional Studies，2013，47（2）：164”）

经济学家厉无畏指出：“创意城市不是严格的学术概念，而是一种推动城市复兴和重生的模式。它强调消费引导经济、以科技创新和文化创意双轮驱动经济发展”（厉无畏，2008）。在概念上，创新（innovation）和创意（creativity）又不尽相同。创意城市研究专家查尔斯·兰德利（Charles Landry）认为创意思维是扩散性或衍生性的，而创新是敛聚性、批判性与分析性的；或者说前者强调思想上的包容多样所带来的革新，后者更偏重于科学技术方面的革新。本书中的“创意”实际上包涵了创新和创意两层含义。与单纯科技导向的知识创新型城市不同，“创意城市注重文化资源与其他生产要素的紧密结合，是文化、科技与经济互相渗透、互相交融的经济模式”（曾军 等，2010）。按霍斯帕斯（Hospers）总结出的创意城市类型，“双轮驱动”意味着上海正在努力结合技术创新型城市（technological-innovative cities，如圣何塞市的硅谷）

和文化智力型城市（cultural-intellectual cities，如维也纳）的特点而成为一座技术与艺术兼修的文化技术型城市（cultural-technological cities）。

1949 年 5 月后的二十年里，上海经历了从 1949 年 5 月之前以纺织业为代表的轻工业向以原材料工业为代表的重工业的转型，奠定了上海在中华人民共和国工业史上的地位；从 20 世纪 90 年代开始，上海正在向以信息技术为核心，拥有高附加值、低能耗、生态环保的高端（先进）制造业和知识型（现代）服务业的城市转型，创新 / 创意成为城市竞争力的根本基础，“使城市命脉得以延续的，正是能挑战传统界限的创意”（兰德利，2009）。

对于创意城市的研究，理查德 • 佛罗里达教授提出了推动经济发展的“3T”要素：技术、人才和宽容度（technology，talent and tolerance），三个要素之间相互联系。宽容 / 包容的城市文化环境吸引创意人才 / 阶层入驻，而技术创新与创意人才的聚集度密切相关，即人才创造技术。创意城市的理念对于处于知识经济浪潮中的中国城市尤其重要，特别是对于致力于成为全球城市的上海，城市更新必然需要以“创意”为导向，以知识资本化和技术产业化为最终目标，文化培育（强调环境的宽容度和各文化阶层的共生共处）则是它的内在要求和关键途径。创意城市包含效率和正义两个维度，共同推动着创意城市的发展。

随着我国新时代创新驱动发展战略的贯彻实施，创新驱动转型导向的城市更新趋势日益明显，并逐渐出现“创新与更新联动”的城市发展新范式（邱衍庆 等，2019）。从城市更新的角度看，创意产业和创意阶层倾向于在城市中心，特别是在大学周边、历史文化街区等创意文化氛围浓厚的区域内集聚，丰富的公共空间、文化资源和便捷的基础设施能够让创意阶层进行充分的面对面交流和创意产出，因此“创意”与内城更新正在发生着互动。创新创意要素的引入，能够为城市更新引入更多的内涵，避免传统城市更新过程中“推倒重建”，或“修旧如旧”的单一物理性更替（苏宁，2016）。城市也只有拥有了“创意”才可以实现复兴和重生。在公平正义的权力机制的导向、保护和约束下，通过创意型的城市更新让多元的社会空间在同一个城市区域内共存，形成复合集聚的空间结构，从而构建完整且稳定的文化创意产业链，培育多样包容的文化氛围。

1.3 文化·权力·空间（CPS）三维理论框架

根据笔者对于文化的定义，对于话语这一被特定的权力和知识生产出来的“调控权力之流的规则系统”，其内核一旦被处于此特定权力关系的互动人群掌握、认同，经过反复的日常操练，即时间上的例行化之后便会成为“文化”。一切文化的外在表现无不存在于话语的意义创造，它是权力运作的中介形式及其博弈的必然结果，正是权力使个体成为主体。经“权力—身体”的中介，特定的文化（群体）必然与特定的空间界域有关，因此，空间成了上述“一切文化的外在表现”的本质，它是一切权力运作的基础。按结构化理论对于“权力—资源”关系的论述，“空间”可以被看作形成权力分化的一种抽象意义上的“资源”，它的结构系统在本质上取决于特定的生产方式。而一种文化进入都市的权利，取决于一种知识，“这种知识的定义并不是‘空间的学科’，而是定义为一种关于生产的知识，也就是关于空间的生产的知识”（列斐伏尔，2015），即谁掌握了先进的生产方式，谁就拥有占据或生产空间的权力。这里，“文化—权力—空间”的关系与结构化理论中的“行动—权力—结构”的关系相同构，反映了“控制的辩证法”。空间的争夺存在于城市更新的进程之中，涉及形式和功能的更新。城市更新的问题并不是单一的决定论的范畴。“资源”是决定权力运作或冲突的客观条件和基础，文化则是这些冲突的直接因素和本质根源，即“冲突并不存在于客观的事实之中，而是存在于人们的头脑之中”（Fisher et al.，2012），同时空间的多义性贯穿了资源与文化的范畴，因此，文化、权力、空间是三个相互作用、相互影响的元素，闭合且密不可分。

城市更新的进程正是在“文化—权力—空间”的三维框架（依据英文单词首字母，后文中简称CPS框架）中发生并同时对现有框架产生影响，它涉及权力的博弈、资源的重新配置、空间的重组、文化的培育和变化等一系列相互关联的社会现象。城市更新既是某一或某些文化群体的主观行动的结果，又受到社会结构的必然制约；它既存在于历史之中，又在创造着历史（图1.6）。

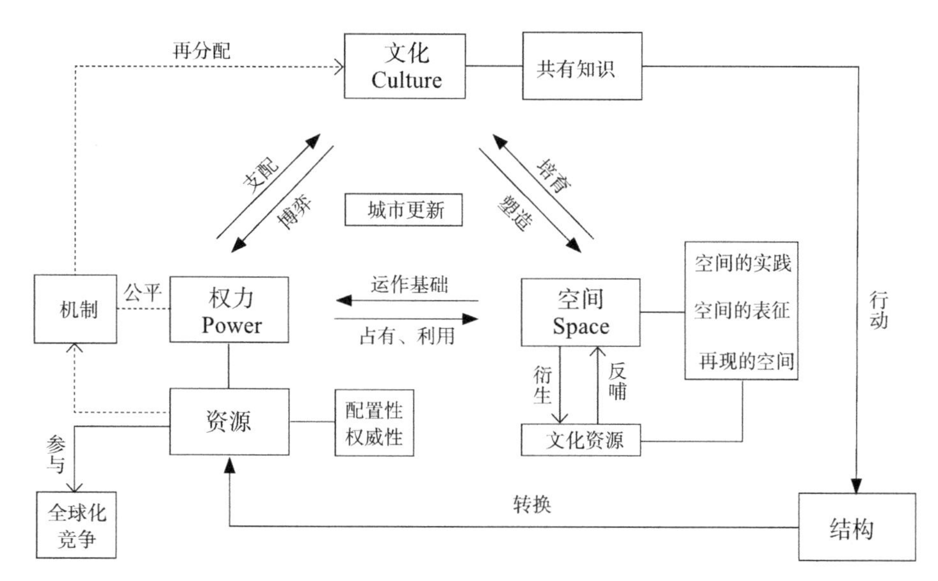

再分配
文化
Culture
共有知识
支配
博弈
城市更新
培育
塑造
机制
公平
权力
Power
运作基础
占有、利用
空间
Space
空间的实践
空间的表征
再现的空间
行动
衍生
反哺
资源
配置性
权威性
文化资源
参与
全球化
竞争
转换
结构

图1.6 CPS理论框架

第2章　创意型城市更新的CPS维度

2.1　创意城市的驱动力和特征

2.1.1　驱动力——生产与消费方式的转变

“创意城市”并没有一个严格意义上的概念和城市发展的指标要求，它可以被看作一种新兴的城市发展模式和发展目标。20世纪末的西方大城市普遍面临着去工业化所带来的内城空虚衰败、经济低迷的困境，城市亟待寻找新的经济发展模式去推动城市的良性增长。由于每个城市有其特殊的经济基础等先决条件，因此每个城市都有着不同的发展路径，但几乎所有走在探索道路前列的城市都不约而同地提出了“创意城市”的策略以提升城市的竞争力。各个机构基于不同的发展侧重和评价体系制定了不同的“创意指数”；全球各大城市 / 国家也相继制定了创意发展计划，如新加坡的《文艺复兴城市计划》、伦敦的《文化大都市——伦敦市长文化战略草案：2012年及其以后》。它们一方面寻求利用各自的文化资源，借助媒体宣传去塑造城市形象，吸引人才和投资；另一方面，发掘创意的潜力去有效推动文化产业的发展，城市的经济基础从大规模的物质生产开始转向灵活多样且利润率更高的非物质生产。在这段城市转型的过程中，政治家的决策至关重要，其深层次的推动力主要是两个：后福特主义（Post-Fordism）的生产方式和消费主义（Consumerism）。

福特主义（Fordism）是一套基于工业化和标准化大生产的经济和社会体系，它适用于供需关系相对稳定的经济体。随着生产网络的全球性扩张和激烈的国际贸易竞争，以及媒体对消费的影响，需求端逐渐变得起伏无常，这就意味着供给端通过提高机器大生产的效率来争夺市场份额的策略不再适用（需求可能在生产成本收回之前就已经改变）。这就需要灵活的生产来适应多变的需求，因此后福特主义或柔性生产（Flexible Production）应运而生，它的资本积累的基本原理没有改变，但是生产的组织方式已经发生了深刻变化，转变为小规模、独立、灵活且更细致分工的生产组织方式。这就导致大企业把大量垂直性联系的部门业务逐渐外包，大、中、小企业之间传统的上下游关系弱化，更注重以复杂目标为导向的分工合作，出现了个别巨无霸企业和大量中小企业共存的格局。同时，企业内部实行扁平化管理，权力下放，各个项目组独立运营，充分调动个人的积极性和创意。规模已经不是企业竞争力的核心标准，小微企业的一个极富创意的市场策略很可能会迅速获得成功，取得令人意想不到的效益。

第二次世界大战以来全球经济的复苏给消费者带来了大量可支配的金钱和时间，消费方式不再是根据生活的实际需要来决定，消费者把购买的商品作为一种新生活方式的体现，而不仅仅是满足物质需要。因此，文化属性和认同对于商品的生产至关重要，互联网的普及更加推动了文化产品消费的热潮，文化产业和创意经济迅速在全球范围内崛起。创意城市一方面通过投资吸引文化创意产业和培养创意阶层，利用他们的知识和技术成为高附加值文化产品的生产地（涵盖高科技、软件工程、设计等众多行业）；另一方面，通过城市营销、提供高品质的文创产品和服务来刺激本地甚至全球范围内对文创商品的需求和大量消费（交换），同时提升当地消费市场的质量和吸引力。这两方面紧密结合、相互作用，共同构成了创意城市基本的经济发展模式（图 2.1）。

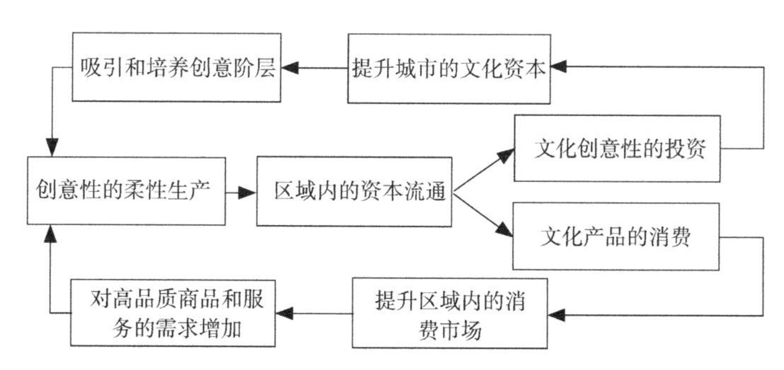

图 2.1　创意城市的生产和消费模式

（图片来源译自“SASAKI M. Urban regeneration through cultural creativity and social inclusion：Rethinking creative city theory through a Japanese case study[J]. Cities，2010，27（supp-S1）：S5”）

2.1.2 空间、文化、权力的特征

1）创意型的空间在城市集聚与区域分工

以文化符号和创意为特征的新型文化创意产业以后福特主义式的组织方式迅速在创意城市中布局，催生出了由文化创意企业以及相关支撑机构聚集而成的文化创意产业集群（cluster），形成集聚产业点（一般不超过几平方公里）、集聚产业区（几平方公里到几十平方公里不等）、集聚产业核心区三种基本经济景观。同时，文化设施（博物馆、美术馆、高等院校等）聚集的文化区、创意工作者比例极高的创意邻里或社区等也在其内部或周围发生集聚现象，这些创意型空间相互支持、相互促进，进而形成了产业集聚效应。在特大城市的中心区往往分布有多个不同类型的文化创意产业区，它们在各自的区域内有其主导的产业部门，体现了更深层次的区域分工和不同类型的经济发展条件。

以英国伦敦为例，2014 年，伦敦的创意产业[1]从业人员为 795800 人，占总职业人数的 16.3%（Togni，2015）；其中从事信息技术、软件和计算机服务的工作人数占伦敦所有创意产业从业人数的 23.6%，电影、电视、广播、摄影占 16.5%，音乐、表演和视觉艺术占 15.9%，广告和市场营销占 14.4%（Togni，2015）。空间上，伦敦的创意产业的从业人员主要分布在内城区域，且内城的每个地区产业比重差异很大（图 2.2）。

笔者根据统计年鉴的数据研究 2008 年和 2013 年北京市创意企业[2]的数量和分布发现，这些创意企业主要集中于首都功能核心区和城市功能拓展区，

---

[1] 伦敦的创意产业（creative industries）官方把它分为9类，包括广告和市场营销，建筑学，手工艺，设计（产品、图像和时尚设计），电影、电视、影像、广播和摄影，信息技术、软件工程和计算机服务，出版，博物馆、画廊和图书馆，音乐、表演和视觉艺术，它们所涵盖的范围比上海官方对文化创意产业的统计标准要窄。而纽约市的统计类别甚至更窄，包括广告、电影和电视、广播、出版、建筑学、设计、音乐、视觉艺术、表演艺术和独立艺术家。本书所提到的创意产业主要参照的是《上海市文化创意产业分类目录》中的标准。

[2] 按照北京市地方标准《文化创意产业分类》DB11T763-2018，北京市文化创意产业包含9个大类：文化艺术，新闻出版，广播、电视、电影，软件、网络及计算机服务，广告会展，艺术品交易，设计服务，旅游、休闲娱乐服务以及其他辅助服务；在每个大类下划分27个中类及若干小类。

且从地理位置上看，越接近城市中心区域创意企业密度越高；从 2008 年至 2013 年，市中心区域创意企业密度增加明显高于其他区域，且首都功能核心区的西城区和东城区增加最为显著。

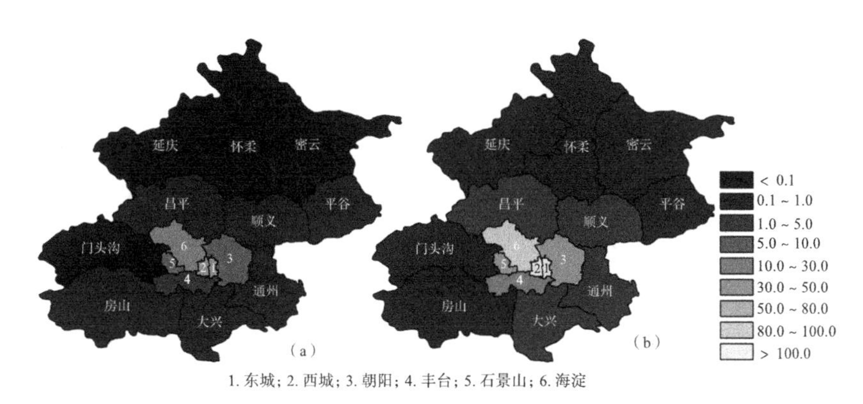

图 2.2　北京市 2008 年（a）和 2013 年（b）各区创意企业密度图（单位：个 /km^2）

根据邹琳的研究，上海创意产业的空间集聚同样呈现由中心城区向外圈层递减的总体趋势，且中心城区和城郊区域所集聚的优势行业类型差异显著（邹琳，2015）。这些均符合创意空间分布的一般规律。

创意型空间特别倾向于在城市中心区集聚的空间分布模式正好填补了市中心区由于去工业化而空置出来的厂房等工业建筑。政府以此为契机，通过一系列的优惠政策主动地吸引资本去开发原有破败的工业用地和旧城区，针对性地引进一些大企业和标志性的文化项目入驻，并定期举办大型文化活动或针对性地支持文化机构、艺术家，以实现中心城区的复兴。这个过程在 20 世纪 90 年代后期逐渐在发达国家中兴起，通常被称为“文化导向”（culture-led）的城市更新运动，典型的例子有“毕尔巴鄂效应”（The Bilbao Effect）、巴尔的摩内港开发。

2）劳动力的组成多样化且流动性增大

创意城市以其优良的就业环境和品牌营销吸引了大量投资和企业入驻，更多的就业选择和岗位使得本地和更大区域范围内的高校毕业生以及其他类型的劳动力涌入。同时，经济的快速发展、更细的分工和更多的工作种类使得市场对不同知识和文化背景的劳动力需求旺盛，这造成了劳动力的组成跟一般城市相比更加多样。不仅如此，创意城市可以提供更丰富的文化设施和更包容的社会环境，这让有一技之长的劳动力更有意愿前来实现职业和人生理想。另一方面，人才和高端产业的集聚也意味着更激烈的职场竞争和更高昂的生活成本（日常开销、婚姻、子女养育、补贴空巢老人等），新经济的波动也能在创意城市中得到更及时的反应，导致人们工作经常变更，因此人员流动在创意城市中十分频繁。密集高频的人员流动虽然会造成一些大都市特有的心理问题，但它也让知识的更新和传播更加迅速，消除行业内部和行业之间的创新壁垒。特别是在国际性的大都市，各种移民带来的不仅是劳动力，还有各自不同的文化和生活方式，伴随着权力运动和政治思潮的转变，各种文化范式在城市内碰撞并产生出丰富的文化资源。最鲜活的例子是纽约，从20世纪前叶开始的哈莱姆（Harlem）的文艺复兴，到70年代艺术家在苏荷区的集聚、80年代开始东村的反主流文化、90年代布鲁克林的后工业文化的兴起，各种文化运动相互影响，产生了丰富的文化创意产业链，生产出的音乐、影片、服装、电视节目、出版物、艺术品等消费产品得到了全球性的传播，大大提升了纽约的全球吸引力和竞争力。同时在美国的西海岸，科技文化者在湾区开始集聚，产生了以信息科技为主导的创意文化产业圈。

同时，创意城市所拥有的品牌声誉和丰富的文创产品、城市创意景观供给促进了当地旅游业的发展，往往一个有活力的文化创意产业集群也是一个知名的旅游景点和消费场所。例如美国洛杉矶的好莱坞环球影城，它作为仍在使用的好莱坞电影制片厂之一，每年吸引的游客数量不断攀升，在2016年达到了809万人次的访问量，占2016年整个洛杉矶郡游客数量的17.1%。

3）创意为基础的城市文化认同

由于创意产业和创意从业者在空间上的集聚，以及日常相似性行为和公共空间的束集作用，加之不同创意城市的文化传统，每个创意城市都会培育出独特的创意文化和相关的场所认同。而在一个大的创意文化的内部又会有基于不同的知识和场所派生出更加细分的亚文化，如集聚在某一区域从事相似工作的艺术家群体、设计师、“码农”等，他们甚至共享着其他人群所无法理解的生活习惯和行为规范，极大地丰富了城市文化的多样性和活力。“创意性或艺术性的人力资本在一个地区或城市的积累不仅仅是生产商品和服务，还有助于创造身份和独特性，而这种无形的文化对地方经济的发展至关重要”（Currid，2009）。

4）创意城市必然导致不平等加剧？

创意城市的建设自带“中产阶级化”（gentrification，或译作绅士化）的属性。一方面，创意城市建设的许多举措（从城市政策到个体的行为）无疑会对城市产生积极的影响。例如，博物馆和表演艺术机构在市中心的重建中可以起到吸引地产开发、工作和服务的重要锚固（anchors）作用（Birch et al.，2013）。同样，受理查德 • 佛罗里达教授的启发，城市可通过建造新的艺术设施来吸引向上流动的专业人士或创意阶层，刺激当地经济增长，增加房地产价值。

但是另一方面，创意阶层和企业的集聚导致了对劳务型服务业的巨大需求，而从事劳务型服务业工作的员工工资往往很低，高收入人群的壮大又进一步推升了城市中的生活成本，较低收入阶层所占有的空间不断被职业白领等高收入阶层占据，社区的社会结构被瓦解，造成了大批从事创意产业的高收入阶层与更大数量低收入体力劳动者相对立的局面。如果政府只关注创意阶层，讨好大资本，而不出台对低收入阶层的倾斜政策，则必然会加剧严重的社会不平等问题。同时，在文化导向的城市更新运动中，政府等实施主体也基本忽略了社会公平正义和空间融合的问题，即只注重文化的经济效益，而没有考虑各个文化群体的需求差异，也没有提供必要的扶持政策（如保障房的供给）以满足弱势群体的期待。有学者指出：“文化规划越来越注重对线性的以及一系列明确界定的政治和政府目标实施干预，而所实现的目标并没有与动态的、灵活的和情境性的文化概念有关”（Stevenson，2004）。

当然，创意阶层的壮大和不平等并无绝对的因果关联。在城市政策和规划文献中，大家普遍认为艺术家和创意产业集群对邻里社区发展是健康的，而不会必然导致低收入者外迁的“苏荷效应”（Rich et al.，2016）。有学者认为：“创意城市可能有一个黑暗面：文化市场的分配在城市里再生产出了社会空间的不平等，导致经济和文化边界的重叠……‘文化吸引力模式’正不断催生着绅士化，但是分配制度的再生产效应才是主要的决定因素……更均衡的城市规划政策和不会局限于总在城市中心区某地举办的活动机会可以提升发展与公平之间的协调性，消除在推行创意城市模式时可能带来的消极影响。”（Yáñez，2013）还有学者认为：“如果各地准备以同样的力度支持旨在提高低薪服务部门员工的收入能力和晋升机会的举措就有可能降低不平等。”（Donegan et al.，2008）面对创意发展所引发的阶层疏离和不平等问题，佛罗里达教授提出了“惠及全民的城市化”理念（佛罗里达，2019）。在随后的章节中，笔者把“创意城市”看作一种推动城市更新的动力和目标，以创意为导向，探索一条兼顾效率与公平的城市更新战略。

2.1.3 文化与创意

创新/创意表现为新知识通过行为实践而产生，因此，创意在本质上是文化的范畴。特定文化群体并不是一成不变的，在权力关系和空间结构不断改变的情况下它会主动性地寻求适应性的新知识，适应性强或富有创造力的文化群体会努力克服阻力并通过新知识在特定空间情境中的传播、扩散来完成文化的更新，巩固或扩大它的空间地盘和权力，而不至于被其他的文化群体所同化取代。如此可见，一个城市的文化多样性体现了它的整体创造力。创意城市需要文化多样性，文化不仅是创意城市的资源，也是动力。

“从历史上看，文化产品的生产系统几乎都是在地区层面（regional levels）上运作，基于长期建立的合作、信任和专业互惠互补的传统”（Pratt et al.，2013），也就是说本地的社会经济结构和文化对于一个地方的创意发展至关重要，文化传统和文化群体之间的密切交流对文创产品的生产和消费有着直接的影响。在文化与创意城市的关系上，查尔斯•兰德利认为：“创意城市策略的基础概念在于，它视文化为价值观、洞见、生活方式，以某种创造性表达形态，并认为文化是创意得以产生、成长的沃土，因此提供了动能”（兰德利，2009）。这里的文化概念与具体的“人”联系在一起，人不再是大工业时代操作机器的机器，而是可以充分发挥创意的主体。在社区营造或复兴中，艺术等创意行为常常被用来创造更加包容性、可平等参与的公共空间，并为居民的教育、审美表达、压力宣泄和权益声张等提供途径，从而弥合不同收入、代际或种族之间的文化对立，建立广泛的文化认同（Sen，2016）。

而在所谓的“文化规划”或“文化为导向”的城市更新中，“文化”的内涵发生了变化。首先，它可以作为一种设施或商品；其次，它可以作为一种（再）开发的工具；再次，它可以作为塑造地方品牌的一个手段；最后，它还可以增加就业和财政收入。其中，文化产业政策对城市支柱产业的确立、创意产业及其集聚区的拓展和城市创新环境的培育等都会产生较大的影响（黄鹤 等，2012）。在以创意为导向的城市更新中，文化是具体的复数概念，它由不同权力关系的群体构成，并由不同的空间情境所界定，渗透进人们的日常生活且具有可持续性和规范性，是城市真正的创意资源和发展动力。

2.2　相关理论研究

2.2.1　元创新体系理论

亨利·埃兹科维兹（Henry Etzkowitz）教授提出的“三螺旋”（Triple Helix）创新模式认为“大学（university/academia）—产业（industry）—政府（state）三者之间的相互作用是改善创新条件的关键”（埃兹科维兹，2013）（图 2.3）。创意并不是自发形成的，它们通过明确的措施被打造或激发出来，这里既有市场也有政策的驱动。“大学—产业—政府”相互作用、彼此加强、螺旋上升，它们共同形成了以知识为基础的创新型区域，具体表现为科技园、孵化器、风险投资公司等“二级机构”或混成组织（hybrid organizations），它们为知识资本化和技术产业化的实现，以及创意人才的培养和创意文化的培育提供了重要的空间情境。事实上，“三螺旋”模式不仅在大学周边催生出了大量创新型的产业空间，而且还连带产生了书店、画廊、酒吧、音乐厅、咖啡屋等创意文化集聚的“第三场所”（Oldenburg，1989）。在社会空间的角度，“区域三螺旋相互作用可以归结为发生在一系列知识空间、共识空间和创新空间中的协同创新活动，这三个空间彼此重叠，相互交叉”（图 2.4）。其中，知识空间不仅是现有知识的集聚，同时还生产新的知识，形成知识空间的前提在于大量研究型资源（如高校、R&D 机构）的集聚以达到知识促进经济增长的临界点。共识空间是三螺旋相遇的地方，它为创新的发展提供中立性的平台，包括支持创新项目正式和非正式的网络以及推进三螺旋结构发展的领导人物。创新空间引领着区域创新和经济增长，主要表现为公司型大学，以及科技园、孵化器等二级机构或混成组织的建设和更新。本书中的创意空间主要包括这里的知识空间和创新空间，共识空间主要在权力的维度下予以展开（埃兹科维兹，2013）。

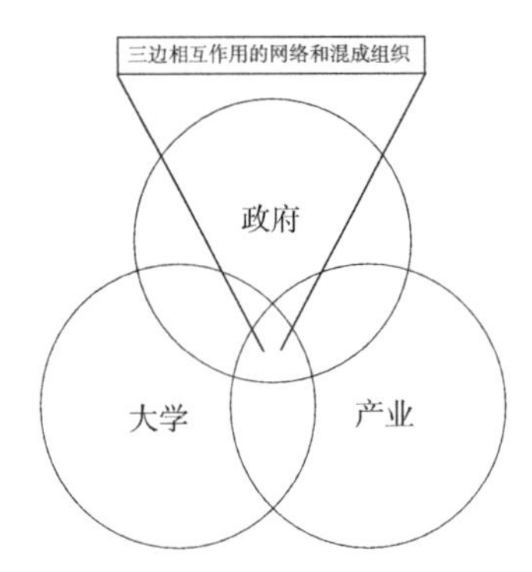

图 2.3　三螺旋相互作用的创新模式和混成组织

（图片来源：埃兹科维兹．国家创新模式：大学、产业、政府的“三螺旋”创新战略 [M]. 周春彦，译．北京：东方出版社，2013：4）

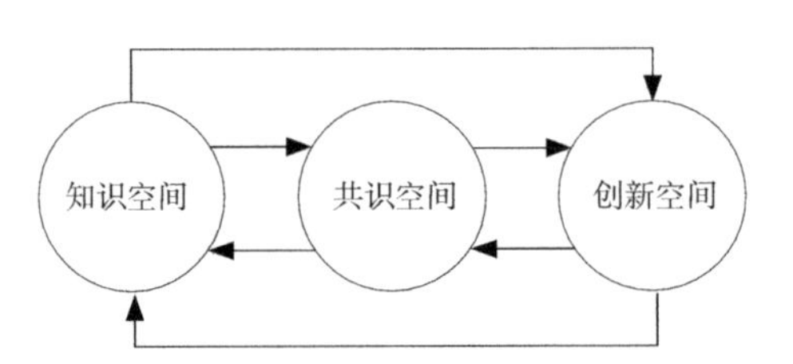

图 2.4　三螺旋空间的相互关系示意

亨利·埃兹科维兹教授在经典的三螺旋模式之后又提出了可持续发展阴阳双三螺旋，即在“大学—产业—政府”这个阳三螺旋之中引入“公众”这一维度，形成“大学—公众—政府”新的阴三螺旋，强调公众的监督和约束作用，以形成彼此互补、相互作用与平衡的变革张力。“阳三螺旋代表大学、产业、政府之间不同形式的合作创新，而阴三螺旋代表对科技创新有争议的一方”（埃兹科维兹，2013），阴阳两个双螺旋彼此的耦合运动进而产生了“元创新体系”。

2.2.2　创意社区理论

埃兹科维兹教授的“元创新体系”主要着眼于大学、产业、政府之间在宏观层面的相互作用，关注于以大学为先导的城市文化创意经济的核心产业集群的发掘和培育，而中微观层面的配套性文创活动、创意设施的组织以及人群的社会关系等内容则没有涉及，因此需要对创意社区（creative communities）的相关理论加以研究。

创意社区具有社会和地理的双重内涵，但与创意城市一样，创意社区并没有一个严格的定义。一般而言，创意社区并非仅仅指以居住功能为主的创意邻里（neighborhoods），而是处于核心产业集群外围，甚至可以镶嵌于产业集群内部的以居住功能为主多功能复合的空间单位。它的边界可以是开放的，它的规模可以是居住小区级也可以是居住组团级，但是它必须拥有高比例的创意阶层（20% 以上）以及强烈的文化认同和良性的社会融合度。创意社区一般并不承担推动城市核心文创产业部门发展的任务，但是配套性的手工艺、时尚、艺术活动、居民的职业技能培训与再教育，以及社区的公共活动往往会在创意社区中发生，因此它对于城市创意经济的发展具有间接的重要作用。根据相关概念，笔者图示了创意经济三要素——创意社区、创意阶层、创意产业集群三者之间的关系，它们三者并非相互独立，而是在社会空间上互相交叠（图 2.5）。交叠的广度和深度与整个创意城市的空间生产方式和权力机制有关，这也与前述元创新体系理论的内涵相似。从理论上讲，以创意为导向的城市更新可以理解为探索一种或多种模式使得创意社区、创意阶层、创意产业集群三者在城市中达到最优的空间平衡，这其中涉及文化、权力和空间多个维度的交叉研究。

文化艺术因素在新经济时代正在发挥着无法取代的作用，而创意社区的建设至关重要，“它发掘了艺术、文化和商业之间的重要联系，并在此过程中自觉地投入人力和财力为城市公民迎接后工业时代、知识经济和社会的快速发展所带来的挑战做好准备”（John M Eger）。艾伦 • 斯科特教授从三个方面揭示了创意社区的内涵和重要性（Scott，1999）：

①创意社区是基于特定的城市场所和文脉而发展起来的，如传统的手工

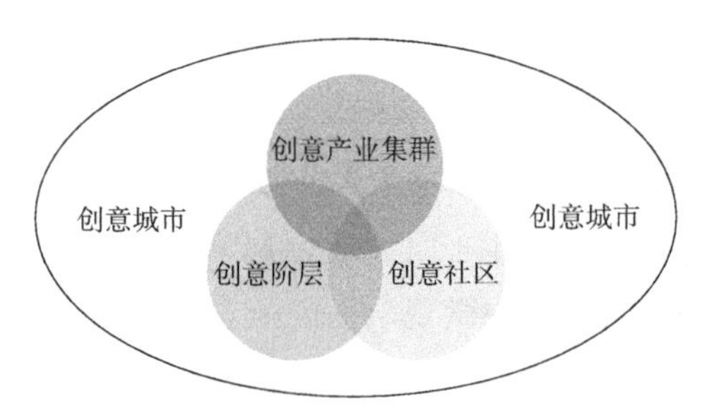

图 2.5　创意社区、创意阶层、创意产业集群之间的关系示意

艺街区，它不仅在狭义上是创意阶层的聚集地，而且并不排斥本地的工人和其他社会阶层的创造力，是社会再生产的中心，不断创造核心文化竞争力并吸引人才迁移于此，每个成员都被融入互补和协调的社会职业关系之中，文化认同和文化资本在日常的接触中得以维持和更新。

②创意社区与当地文化机构（博物馆、展览馆、教育机构等）建立了密切的关系。各种类型的展览和文艺活动也可以为艺术家提供创意展示和文化记忆保存的场所，并与居民在创意社区内形成知识的互动（Matarasso，2007；Markusen et al.，2008；Stern et al.，2010；Grodach，2010；Grodach，2011）；基于社区发展起来的工会、职业协会、社会组织等团体又进一步维持当地的文化标准和经济行为，创意氛围由此强化。

③创意社区代表了具有重要功能的“面对面”交往的社会情境。创意和文化经济的工作者倾向于职住相邻，甚至工作和生活都在同一个社区内，以便有更多的机会见到别人，并与他们交换信息和知识，这对行业的发展非常有益。

由于艺术等创意活动可以锚固或强化本地社区的文化，以及提升当地小型企业的竞争力和其他方面的经济潜力，因此许多学者认为艺术性或创意性的活动可以导致创意社区营造或社区赋权（community empowerment）。如果说在核心产业集聚区内人们的联系主要是基于各自的工作项目，那么在创意社区内人们形成的则是更稳固的社会裙带关系，通过社区创意性公共活动的组织和自下而上的社区参与可以有效增强文化的认同和社会的凝聚力（Bettiol et al.，2011），特别是对于那些缺少资金投入的老社区。而且随着创意项目的规模（跨多个社区）和复杂性（面对多个利益共同体的多种目标）的增加，参与主体的广度和数量也会大幅增加，各个主体相互分工协作，可以形成跨机构、跨部门和政府间的合作关系，所产生的社会效益也会更强（Markusen et al., 2010）。

对于积极的公众参与和社会融合（文化培育）而言，权力机制的构建至关重要，它需要给当地居民提供切实的参与机会和行动路径的参考，而不仅是自上而下的规划行为。在一定的政策和规划支持下，不同大小、不同类型的创意空间可以形成相互补充、相互交叠的多样性空间体验，这也是创意城市的魅力所在。从城市更新的角度，不断进入社区的年轻创意阶层和资金可以推动中心城区老社区的改造和设施升级，促进本地居民、开发商、政府之间以及一些独立机构之间的合作关系，同时也可以缓解老龄化、增强街区活力，形成发展与社会福利的双赢局面。

2.3　创意型城市更新模式的 CPS 内涵

一种以创意为导向的新经济、社会结构和空间生产的模式导致城市权力格局重组，空间正在进行新一轮的更新。这个进程有其独特的逻辑，但它脱离不了传统的资本逻辑和制度约束，因此这就需要战略性的举措去处理创意与权力、空间之间的关系，政府首先应该从谋求短期的经济利益转向培育城市的创意能力，以形成一种目标明确、统筹兼顾的城市更新战略。

2.3.1　城市的创意领域（要素）

城市的创意领域（creative fields）不是一个画地为牢的独立要素，而是镶嵌于城市资源的再分配和再生产过程之中，因此对创意城市的研究必须承认具体的城市要素网格和权力关系领域会全面渗透进创意过程并不断地促进或阻碍创意领域的社会生产。

艾伦•斯科特教授分解出了城市创意领域的五个圈层（Scott，2010）。中心圈层代表城市文化创意经济的核心部门（core sectors of the local cultural economy），它是城市主要的创意增长极；环绕在中心层外侧的第二层代表着配套性的手工艺、时尚和一系列的设计活动(complementary craft, fashion and design activities, 如工业设计师、室内设计师、自由艺术家、软件工程师),它与中心层之间可以发生积极的溢出效应;再往外一层代表本地的劳动力市场结构和就业过程(local labour market structures and processes),在其中私人之间接触的满意度直接体现了不同的创意刺激水平(图 2.6)。

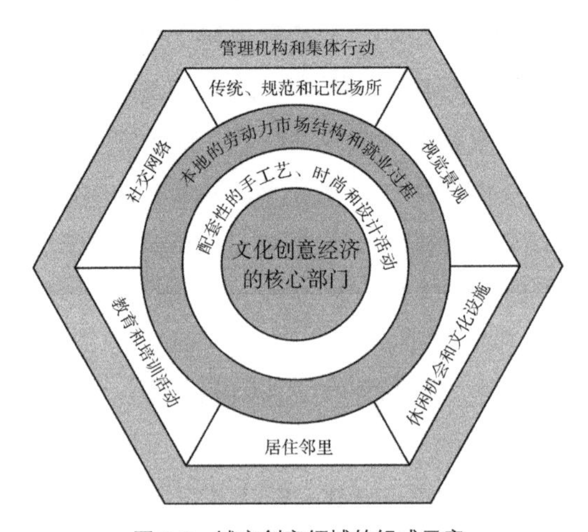

图 2.6 城市创意领域的组成示意

(图片来源:译自“SCOTT A J. Cultural economy and the creative field of the city[J]. Geografiska Annaler, 2010, 92(2): 126”)

而前三个文化创意经济的圈层必须置于一个更大的城市氛围和语境之中,它包含六个组成要素:①本地的传统、规范和记忆场所(如支持本地手工艺的博物馆和展览)系统,创新力可以通过它得到保护和传播;②反映和支持城市创意目标的视觉景观,如被改造后的工业建筑;③享受业余时间的机会,以及不同形式的娱乐休闲设施——既可以为大部分的市民提供消遣和启发,也可以满足创意工作者的需要;④能为创意工作者提供合适的住房和基础设施服务的居住邻里;⑤教育和培训活动的组织框架,它在为本地生产系统源源不断地提供优质的劳动力发挥着重要作用;⑥一系列的社交网络,它是对工作场所中人际关系的补充,创意工作者通过社交网络可以跟踪到与工作相关的最新信息和知识以及其他有用的资讯。

最外侧的圈层指的是城市管理机构和集体行动（institutions of governance and collective action），这对创意城市要素整合成为一个整体至关重要，特别是在应对市场失灵、负向溢出效应和存在于社会空间系统中阻滞活力的因素时。诸如纽约或者巴黎这样的时尚中心，一直以来都是依赖当地的政府机构去筹划定期举办的秀场、产品活动周以及资助劳动力培训。

2.3.2　创意导向下的文化—权力—空间三者的互动

"创意城市主张创意文化应该嵌入整座城市运行的肌理，亦即其社区成员、组织与权力结构中，成为城市复兴与发展的持续动力"（姚子刚，2016），也就是说创意城市的建设根本在于创意文化的培育，但是文化与权力、空间密切相关，即创意人才、创意氛围、资源的分配和共享是一个耦合、互动的过程。

通过第一章对 CPS 理论框架的研究，笔者认为在互动的过程中，文化（培育）是关键，权力（机制）是保障，（创意）空间是基础，创意城市是三者共同的目标（图 2.7）。

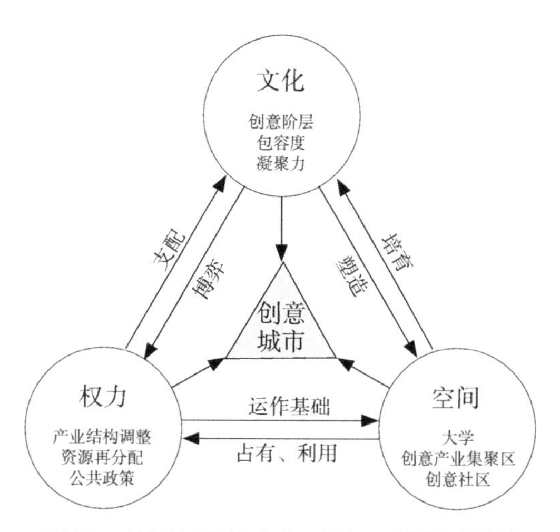

图 2.7　创意导向下的文化—权力—空间互动模型

①文化层面主要涉及社会对各个文化阶层包容度的提升、创意阶层自我认同感的增强，以及较强的社会凝聚力和责任感。对应于创意领域中的"传统、

规范和记忆场所，社交网络，教育和培育活动”。

②权力层面主要涉及全社会的产业结构调整，资源再分配和一系列的公共政策，即权力的转移机制。对应于创意领域中“本地的劳动力市场结构和就业过程，管理机构和集体行动”。

③空间层面主要涉及一系列创意空间的建设。包括新兴创意产业集聚区的发现和已有产业区的更新、扩展，最重要的知识空间——大学的潜力发掘，这两项可以对应于创意领域中“中心和第二圈层”的内容；也包括创意社区的培育和完善，如人才公寓的建设、老社区的改造、文化设施的植入等，对应于创意领域中“居住邻里、休闲机会和文化设施以及视觉景观”。

2.3.3 创意型城市更新模式的研究方向

创意不仅从目标定位、产业发展和空间布局上改变了城市发展模式，而且从社会包容性、文化群体认同、权力分配和公共政策等方面重构了城市的发展路径，为城市更新寻找到了新的突破口。在第一章中，笔者对城市更新作了如下定义：城市更新源于在集聚的条件下，各种文化共同体在不同权力关系中的互动所导致的资源的再分配和再生产过程。同时，它必须统筹兼顾经济效率和社会公正，寻求经济、社会和建成环境的协调发展。因此，城市更新可以是建设创意城市的手段，是战略性的权力转移过程。通过这一过程，城市创意行为者（企业集群、创意阶层）和社会结构（资本和制度等）以能为城市创造价值（就业、利润和税收）、增进价值（通过知识和产业升级等）以及获取价值（建立和维持长期分配的发展轨迹）的方式，在生产网络中暂时性地达到一种空间的平衡。对于创意为导向的城市更新而言，即是达成前述城市创意领域五个圈层之间的空间平衡。

城市更新所提供的机会是基于协商和合作的精神发展来的，并不应该把它强加于该地区的既有社区之上（Hyslop，2012）。在城市更新中，创意文化核心圈层内的利益相关者既是竞争关系也是合作关系，他们因为具有共同的目标而可以较为容易地达成共识，推动空间的升级改造或重建。但就目前而言，对于广大的城市社区，普通民众还位于创意文化的圈层边缘或之外，缺乏一致的创意目标和共识，在城市更新中的话语权也极为有限。因此，本书特别关注创意在社区内的引发和传播机制，重视对年轻的创意阶层甚至所有个体的创意发掘培育，进而推动在知识经济背景下城市更新战略的实施。

通过结合创意导向下的“文化—权力—空间”（CPS）互动模型和创意城市相关要素的研究，以及上海的城市现状，笔者在此努力构建出一套系统性的城市更新模式，主要以“文化—空间”“权力”两大块内容为本书的主要切入点，“优先为创意提供发展空间，尊重和保障各文化阶层的空间权利，加强各权力主体的合作伙伴关系”是其中的基本原则。CPS 创意型城市更新模式包含了文化、空间和权力三个层面，这涉及一个城市的制度环境（开放的市场和城市形象）、人文环境（居住、游憩、交通条件）、工作环境和学习环境（个人教育、培训），它们需要物理上的临近性、较强的公共性和稳定性以确保形成合作型的“城市创意循环”和全社会的创意氛围。

2.4　CPS 模式的评估

一个项目从前期研究到完成再到投入使用，是历时性的，具有时间的维度。目前，国内尚不存在对于城市更新工作本身的监督与评估（跟踪调查、使用反馈、项目的效力效率评估等）。项目完成后的评估强调了开发和更新工作是从使用者的角度出发，这种方法使城市更新更能满足使用者的需求，拓展了设计的思路。同时，它是一种信息反馈机制，能加强对城市更新工作的监管，提高工作的管理水平。更为重要的是，它可以检验前期以创意为导向的城市更新理论研究和项目选择的科学性和可实施性，便于汲取经验教训。因此，建立一个具有“全周期”特征的监督和评价体系具有重要的意义。

既然是以创意为导向的城市更新模式或战略，那么最终的评价标准和指标必然是落实到与创意相关的产业（经济）和人力资源（社会）的产出上，以每个具体项目完成后的效果（量化指标）为依据，来评估城市更新项目是否达成既定的目标，或者目标实现的程度，即效力，以及从投入产出比的角度来评估城市更新项目是否有效率地实现。英国财政部在 1995 年发布了一个关于城市更新战略的评估模式，它在方法论层面上把评估对象分解为：战略目标、投入和开支、活动衡量、产出和结果衡量、全部影响衡量、纯粹影响（罗

伯茨 等，2009）。本书中以创意为导向的城市更新包括文化、权力、空间三个相互联系、相互作用的目标，涉及“创意产出 / 就业、文化资本 / 参与、开放 / 包容 / 多样性、人力资本 / 人才 / 教育、创新 / 研发”等一级创意指数（黄琳 等，2015），不同的目标下又包含多个子目标和相应的行动措施。从评价指标上来看，创意型的城市更新注重更精细、全面的 CPS 要素的实现。例如，对一块土地的经济效益的评估并不应该着眼于由土地一次性交易所带来的短期 GDP 效益，而应以创意人才和项目导入为核心，以稳定的、长期的税源培育为评估重点。

不同区域内的城市更新有其独特的条件和既定的短期、中远期目标，而且越大范围内的更新项目所受的外部性影响越复杂且越难以界定，因此对创意型的城市更新政策和项目的评估必须要结合本地的实际情况进行统筹考虑。《上海市城市更新规划土地实施细则》（2018）第四章规定了城市更新项目土地全生命周期管理的要求和内容，“将更新中确定的公共要素建设、实施与运营要求，依据控制性详细规划与城市更新实施计划，落实到土地、建管、房产登记环节，并在规划土地综合验收、综合执法环节进行监管”，同时综合确定“项目的功能实现、运营管理、物业持有比例、持有年限和节能环保等要求”。同前述较为宏观、远期战略性的评估模式不同，它是针对具体的城市更新项目，主要以提高土地利用质量和效益为目的，把土地出让合同作为平台，对项目在用地期限内的利用状况实施全过程动态评估和监管，通过健全工业用地产业准入、综合效益评估、土地使用权退出等机制，强化经营性用地的用途管制、功能设置、业态布局等管理，将项目建设、功能实现、运营管理、节能环保等经济、社会、环境各要素纳入合同管理，实现土地利用管理系统化、精细化、动态化。此细则已经反映出国内城市政府精细化的城市管理思路正在形成，这有利于加强土地资源市场化配置，加强城市品质和功能提升，加强政府职能转变，加强企业信息公示和社会监督作用等。

第3章 上海创意城市发展所面临的问题

全球城市不成比例地集聚了全球企业巨头，并且是其获得价值赋予的一个重要基地。但它们也同样不成比例地集聚了弱势群体，并且是其降级的一个重要基地。

——Saskia Sassen

（萨森，2011）

我们不能脱离社会纽带、人与自然的关系、生活方式、技术和美学价值去提出我们期望何种城市的问题。城市权利远不止个人享受城市资源的自由：它是通过改变城市来改变我们自身的权利。并且它是一个公共而非个人的权利，因为这一转变必然依赖于集体的权力去重塑城市化的进程。

——David Harvey

（Harvey，2003）

1990年，党中央、国务院决定开发开放上海浦东，上海时隔四十余年再次回到全球资本主义发展的轨道上来。伴随着1992年中国共产党第十四次全国代表大会对“建立社会主义市场经济体制”目标的明确，全国性的改革开放热潮开始。总体表现为国家对资源控制的范围和力度逐步缩小、放松，政府之外的其他权力主体开始参与资源的组织和空间生产，资源和空间开始自由流动，文化突破了单一的意识形态而呈现多元发展的格局。

随着相互匹配的土地、劳动力和货币市场的建立，这时期上海的社会空间特征在宏观上逐渐呈现出两个向度的发展态势——向外扩张、向内集聚。金融资本极大地推动了上海的城市化进程，促进了经济转型和城市空间品质的提升。但是在集体消费不断完善和物质空间极大丰富的同时，上海市社会阶层的权力被重新分配，社会不平等、权力的差距和空间分异加剧，正在形成阻碍创意的根本问题。

3.1 “新自由主义”导向下的空间生产机制

20世纪80年代，以英国首相撒切尔和美国总统里根推出的一系列新自由主义（neo-liberalism）改革方案为开端,世界经济的构成发生了巨大的变化，以《华盛顿共识》（1989）为标志，国际经济的新秩序由此建立，“这一新秩序由金融中心、全球市场和跨国公司主导”（萨森，2011），而不再依靠广大劳工及工会控制下的第二产业。

再次“开埠”让上海搭上了全球化的列车，地缘政治和国际经济竞争在冷战后的全球化进程中并没有退潮，但这一次首先踏上黄浦江畔的权力代言人不再是外国的驻沪领事，而是各种跨国公司。但同当年一样，金融资本依旧是它们进行空间霸权的主要武器，只不过这一次“新自由主义化要将一切都金融化”（哈维，2010a），金融业和金融资本被赋予了其他行业无法企及的控制力。1990年，上海证券交易所成立，标志着金融证券化从此在国内的合法化。20年内（除去2000年左右亚洲金融危机的影响），上海金融业增加值占全市GDP的比重逐年攀升（图3.1）。来势汹汹的“新自由主义”对上海城市空间最根本的影响在于空间的商品化及其遵循资本积累的逻辑加速循环。

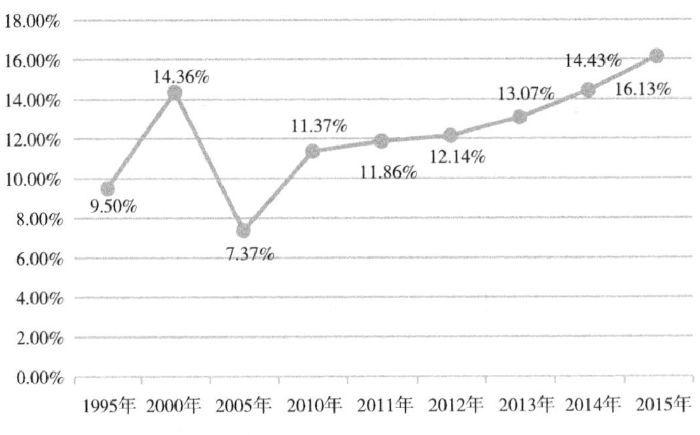

图3.1　上海金融业增加值占全市GDP的比重

3.1.1　空间的商品化

伴随着计划经济生产关系的解体，城市向着有利于资本积累的方向发展。为满足市场经济的内在要求，国家土地制度和住房制度的改革以及相应地方政策的出台为空间商品化提供了条件，土地所有权和使用权的分离使得部分空间可以作为固定资本纳入工业生产的资本循环，创造了各地政府土地财政的前提；而“住房商品化和土地‘招拍挂’改革则进一步将城市生活空间转变为‘耐用消费品’，亦纳入市场和交易中去，空间商品化与市场化的范围大大扩展”（武廷海 等，2014）。来自我国香港、台湾等地区的资本首先撬动了上海市的固定资产投资，让上海市的“空间生产”空前繁荣，掀起了房地产投机和金融业发展的热潮。

在分税制的压力下，地方政府也有极大的意愿依靠资本的力量推进空间生产，增加财政收入。自 1990 年开始，资本的空间生产在两个向度上同时展开，一个是外延式蔓延，具体表现为建设用地的大范围扩张和新城建设；二是嵌入式的集聚，具体表现为内城更新运动。资本通过这两个相互联系、叠加的进程实现了对空间价值的盘剥。1992 年，“卢湾区斜三地块第一块毛地批租，引进外资参与旧区改造，成为九十年代城市更新大跃进的基本融资制度”（于海，2011a）。城市空间情境和集体记忆处于不断的更新变化之中，并带动了全市第三产业的发展和财政收入的增加。金融杠杆极大地推高了房价，自 1999 年废除住房实物分配制度以来上海市区的房价飞涨了 20 余倍，即使政府出台了一系列针对性的土地供应和房产交易市场的控制政策。但是，由于缺乏相应的权利保障机制和权力组织机制，当地居民并不能实质性地参与开发决策和规划设计的具体过程，也很难得到足够的补偿和“就地还原”。同时，伴随着对外来劳动力就业的吸纳，上海市的常住人口迅速膨胀（1990 年上海全市常住人口 1334.2 万人，到 2010 年增长到了 2301.91 万人），城市建设用地大面积蔓延。

3.1.2　空间商品的加速循环

20 世纪 80 年代西方和中国经济的滞胀（Stagflation）反映的是资本积累

的危机，为了解决危机，新自由主义者们希望利用资本自由流通的特性，以快速、广泛、灵活的投资实现资本增值的最大化。这也正是全球化的内在动力，其中互联网和自动化技术又大大地推动了这一进程。根据大卫·哈维提出的“时间—空间修复”（temporal-spatialfix）的理论[1]，投资需要空间以及相对安全的回收期限，有着良好投资环境的上海成为吸收盈余资本的绝佳空间。

“土地财政”或固定资产投资是上海空间生产的重要推动力，通过地理扩张和对于空间障碍的清除，资本获得了巨大的增值和盈利。资本流通的“三级循环”图示成了上海长期以来资本的流通路径和空间生产的内在机制，具体路径如下：“资本流通脱离了直接的生产与消费领域（初级循环），在改变方向之后，或者进入了固定资本和消费基金所构成的二级循环，或者进入了社会支出和科研与开发的三级循环。二级和三级循环将过剩资本吸收到了长期投资之中”（哈维，2009）。概言之，初级循环产生的剩余价值通过进入二级和三级循环，剩余价值得到转移、吸收和再生产（图 3.2）。

其中，二级循环对于上海的城市化进程至关重要。对于开发商而言，固定资本投资能一次性吸收大量的资本，且生产出来的空间商品具有地租的垄断性和价值的稀缺性，回报率高且稳定。对于地方政府而言，出让土地使用权可以在短时间内获得巨额的财政收入，从而可以促进城市基础设施建设和“三级循环”的投资，增强城市的核心竞争力。同时它又借助了市场力量提升了城市建成环境的面貌，解决上海长期以来存在的住房短缺问题和弥补福利住房制度的不足。“1988 年国家计委把房地产业列为国民经济第十三个门类，标志着房地产业获得了独立的产业地位，不再是单纯的福利事业”（上海房地产志，1999）。对于保障劳动力再生产的住宅而言，这也就标志着它由计划经济时期“集体消费”的性质转变为了“交换”的性质，住房成为可以自由交易的商品。

资本并不抽象，它本身是一种权力关系的体现，它存在于更广泛的资源配置和规则安排之中，核心是利润率。在新自由主义规则控制下的资本，

[1] 市场经济的竞争模式必然会带来周期性的供大于求的现象，剩余商品无法销售从而造成了资本积累的危机，这就需要寻找其他的盈利方式来缓解或推迟这一危机。因此一个资本循环的时间差至关重要，让出现盈利困难的资本从初级循环流入二级、三级循环，以空间换取时间，即“时间—空间修复”，这就解决了资本过度积累和资本盈余贬值的问题。

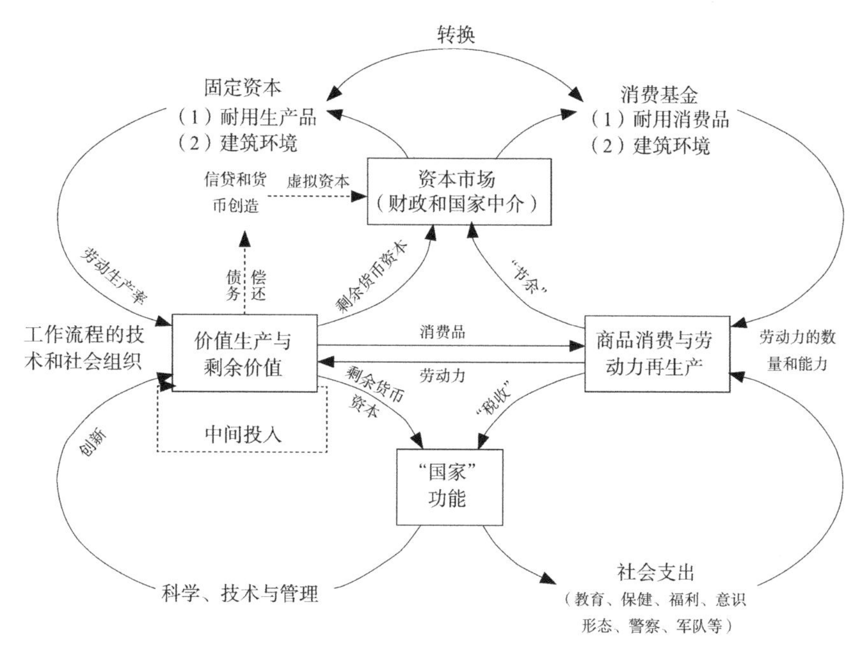

图 3.2 资本流通路径

（图片来源：大卫•哈维 . 新帝国主义 [M]. 初立忠，沈晓雷译 . 北京：社会科学文献出版社，2009：90）

它的逻辑是“剥夺性积累”和“创造性破坏”，剩余价值随着不断地破坏旧空间和不断地生产新空间而被创造出来，这也就成了空间生产的主要权力逻辑。因此，高利润率的房地产业成为上海六大支柱产业中的重要一项。1990 ~ 1995 年的五年间，上海的房地产业出现了井喷式的发展，房地产投资占全市 GDP 的比重从 1.04% 猛增至 18.93%，房地产投资占全社会固定资产投资总额的比重从 3.59% 猛增至 29.10%；从 2010 年开始，由于受国家“四万亿计划”的影响，上海房地产投资占全社会固定资产投资总额的比重迅速增加，5 年时间（2010 ~ 2015 年）的增长幅度是过去 15 年（1995 ~ 2010 年）增长幅度的 2 倍；与此同时，上海房地产投资占全社会固定资产投资总额的比重也在逐年增长。

1991 年上海率先成立了城市建设投资公司，政府开始以企业的形式介入资本运营和空间生产，作为乙方的上海建工、上海城建也相继成立，计划经济时期大包大揽的政府管理（managerial）模式开始向“城市管治”

（urban governance）转变，即大卫·哈维所谓的“城市企业主义”（urban entrepreneurialism），强调“公私合作”（public-private partnership），通过政商的结合形成城市“增长联盟”，以达到经济效益和政绩的最大化。政府从而可以把解决“集体消费”的部分责任和工作打包给市场，企业则可以享受政府在城市空间上的优惠政策，同时促进了“从凯恩斯国家福利主义支持下、区位相当僵化的福特主义生产系统，转向地理上更开放、以市场为基础的弹性积累”（哈维，2010b），这些与哈维所说的资本“二级循环”具有同构的特征。但是地方政府仍然在城市化进程中扮演着主导性的角色（武廷海 等，2014）。稳定、统一的政治权力不仅是城市空间生产的基础，也是强大的控制因素，在地方上体现为对于土地、财政收入、产业政策、劳动力等公共资源的支配和配置，或者说垄断。上海市作为直辖市，其市委、市政府拥有城市发展的强势话语权，它通过一系列的规划（行政）措施控制着“二级循环”的发展方向和城市化的节奏（图 3.3）。

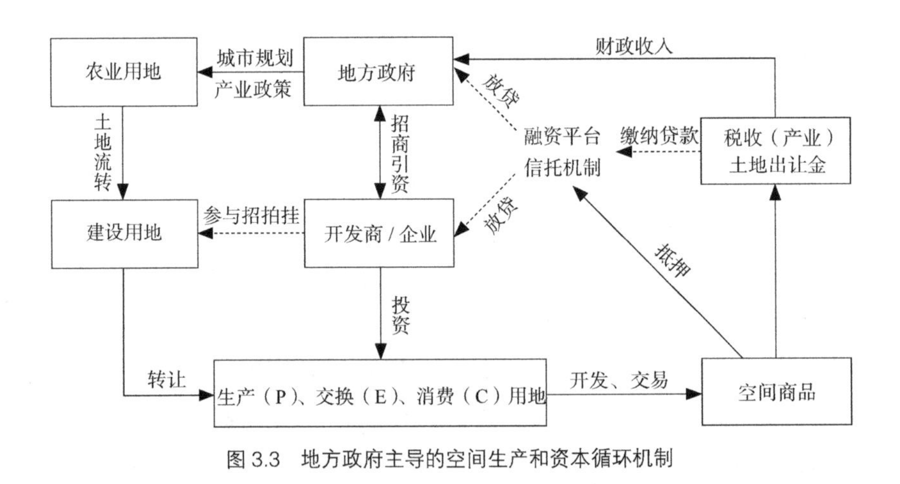

图 3.3　地方政府主导的空间生产和资本循环机制

按照上述资本积累的逻辑，上海开始了大规模的空间扩张和“圈地运动”，房地产开发为先导的城市化进程如火如荼。一方面，“近 20 年来，建设用地从 1990 年的 1151.18 km^2 增长至 2009 年的 2311.70km^2，增幅达一倍以上，即‘再造了一个上海’”（朱铁佳，2015），广大的乡村田园不断地被建设用地占据，资本随着用地 / 空间的扩张而迅猛积累。沿着大上海都市计划的规划思路，在“一城九镇”的基础上，2006 年《上海市国民经济和社会发展第十一个五年规划纲要》提出了“1966”城镇体系规划目标，即 1 个中心城，9 个新城（宝山、嘉定、青浦、松江、闵行、奉贤南桥、金山、临港新城、崇明城桥，规划总人口 540 万人左右），60 个左右新市镇，600 个左右中心村。随后，《上海市国民经济和社会发展第十三个五年规划纲要》（后简称《上海“十三五”规划纲要》）中明确城市建设用地总量截至 2020 年控制在 3185km^2 以内，现状低效建设用地减量 50km^2。

另一方面，快速的空间生产带来了内城巨大的建设量和拆迁量，从图中可以看出 2003 ~ 2008 年为上海建设的高峰。从 1995 年到 2015 年的 20 年间，上海市全社会房屋竣工面积累计达 73160.38 万 m^2，房屋征收（拆迁）面积累计达 11375.55 万 m^2，分别相当于 1990 年上海全市房屋总面积（17265 万 m^2）的 4 倍有余和 0.65 倍，即新建了 4 个上海的同时拆掉了大半个上海（图 3.4）。这一趋势是否会因拆迁成本的提升和近年来上海城市发展战略的转变（至少在政策上已经发生改变）而得到遏制目前还难以下定论，但是从 2008 年之后房屋竣工面积和征收面积的走势以及《上海“十三五”规划纲要》可以推断出，上海正在从快速粗放发展转向内涵式发展的模式，这是用地管制力度加大、土地开发的拆迁成本快速提升，即土地红利消退的必然结果。

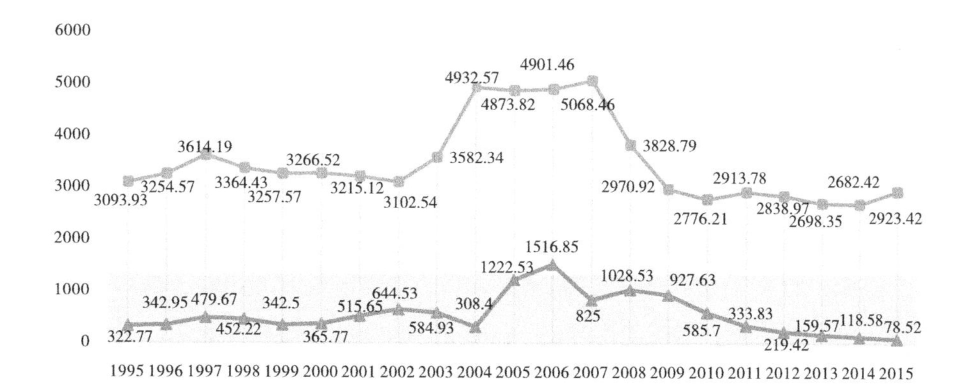

图 3.4　1995 ~ 2015 年上海全社会房屋竣工面积和拆迁量统计（单位：万 m^2）

3.2 空间生产下的空间现象和社会表征

在上海内城更新的空间组织层面，上述资本逻辑的地租效应被放大，内城既有的空间结构被资本重塑。“随着社会主义市场经济体制的确立与逐步完善，行政权力从微观经济领域权力中退出，市场主体自主权和资源配置权逐步确立”（杨上广，2006）。上海的土地交易市场化和空间不同的收益效率导致极差地租的形成，这与租界时期的空间现象背后的经济学原理相似，或者说租界时期的土地价值逻辑又重新生效。从总体上看，根据卡斯特的城市系统分类和威廉·阿朗索（William Alonso）的“地租理论”[1]（Land Rent Theory）可知，由于不同的要素（亚要素）具有不同的租地竞价能力（这反映了要素所有者因经济实力所对应的权力，但拥有绝对政治权力的政府部门除外），因此它们占据了不同价值的城市空间（土地），从而产生具有一定规律性的空间分异现象，具体表现为差异化的竞租曲线。尼尔·史密斯（Neil Smith）教授指出土地价值（land value）或地租（ground/land rent）与房屋价值（house value）是构成房屋实际出售价格（capitalized land rent）的独立组成要素，随着时间的推移房屋价值会由于结构设备老化、居住环境恶化等原因而下降，但是潜在的土地价值会保持稳定甚至不断上升，这就造成了目前物业租金收入与可能实现的租金收入之间存在差距，即地租差距或“租隙”（rent gap）；如果一个街区存在足够大的租隙，那么就很有可能会吸引开发商等主体通过再开发等手段结束这种差距，从而在差值中获取高额利润（Smith，1987）。根据史密斯的租隙理论，中心城区目前老街区的物业租金收入与可能实现的租金收入之间的巨大差距也就成为后文讨论的上海中心城区“中产阶级化”现象产生的本质原因。

因此，20世纪90年代后，高回报率的产业功能空间开始在上海中心城区内高强度地集聚，通过地产导向（property-led）下“毛地批租”的开发形

[1] 阿朗索假设把住户的消费调整成为对土地、通勤和其他的一般消费（包括各种物品和劳务以至储蓄）。其中，在土地质量相同的前提下，离城市中心的距离越小，土地租价越高，通勤成本越低，即土地的价值与产业的利润率正相关。

式，高层写字楼、酒店、商场、高档住区等在中心城区拔地而起，外滩、陆家嘴地区成为众多金融机构、为国际商务人士准备的高档消费场所集聚的黄金地段。由大大小小的里弄编织成的城市肌理开始被巨额资本催生出来的大体量建筑（群）所撕裂，它们碎片化地植入整个市区的空间网络，形成一个个封闭社区（gated communities）、消费中心、主题公园、文化中心等颇为分散、充满随机性的城市节点和副中心，更新地块与传统的里弄街坊在同一个空间场景中并置又相互整合，呈现出碎片化、拼贴化的特征。这是地租的艺术。全球化的商业文化 / 消费文化成了所有人的日常，空间生产与消费从而构成了一个资本实现剩余价值的回路。

总体来看，地产（资本）导向下的空间生产导致了两大社会问题："中产阶级化"和"消费化"，它们可以统称为"风景化"或"奇观化"。前者的例子有中远两湾城、华侨城苏河湾住宅项目等，后者的例子有黄浦区（原卢湾区）的"上海新天地"和静安区东斯文里片区的城市更新。

3.2.1　中产阶级化

"中产阶级化"（gentrification）最初是由英国社会学家鲁斯·格拉斯（Ruth Glass）在 1964 年提出，之后被社会学、城市规划等领域的学者广泛运用，彼得·马尔库塞（Peter Marcuse）定义它为："高收入家庭，一般是专业人士、管理人员、技术人员和新的中产阶级进入以前的工人阶级所在的地区，造成了原来低收入居民的外迁（displacement）"（Curran，2007a）。它在城市更新中表现为旧区重建或改造后高收入的人群迁入或占据低收入者原有的领地并取而代之，原有的老建筑被推倒重建或者被改造为高档住宅，当地的低收入阶层则大多迁移至市区外缘低地价的地方。新的文化群体与更新后的空间情境进而建立起新的二元互动的关系，开始了新的社会生产和文化建构；而原住民则失去了他们熟悉的空间情境，并被分散到空间价值较低的地区，文化链接随之断裂。

中产阶级化有利有弊，可以从不同的角度对其评价。但是大规模、快速的中产阶级化进程则会产生难以估量的社会成本，如前述的以地产为导向的城市更新运动，它的极化开发模式不仅大规模地破坏了城市肌理和历史建筑，而且还严重地破坏了城市文化多样性和社区结构。

上海的“中产阶级化”进程并不是一个孤立的现象，它是在新自由主义经济环境、国内的政绩考核制度以及新的都市文化需求下的产物，它是前述宏观政治经济现象在中观层面的缩影。尼尔•史密斯教授认为中产阶级化是“作为一种全球城市的策略”而存在，它是城市间经济竞争的手段，它是全球性和普遍化的。从伦敦的金丝雀码头到纽约的苏荷区，一个个“中产阶级化”区块被雄心勃勃且一丝不苟地规划出来。按照史密斯和哈克沃思的观点，上海的“中产阶级化”应当属于自20世纪90年代开始的第三次“中产阶级化”浪潮，它的典型特征是政府权力和私人资本系统性地联合，而非政府或企业的单边行为。在上海，它不仅是一个单纯的经济问题，其中还掺杂了政绩工程和民生工程的意义，如每年政府都会制定针对中心城区二级旧里以下房屋的“旧改”指标，如20世纪90年代的“365危棚简屋”改造计划，因此它也是一个政治和社会问题。但是从旧改的实施过程和它所呈现的最终效果来看，“通过房地产开发带来财政收入和营利的需求压倒了为最低收入者改善住房条件的需求”（He et al.，2007），这表明政府并未把改善集体消费条件、增加公共消费品供给作为其首要和实质性的任务。

“‘中产阶级化’远不只是提供高档的住房，而是创造出综合了私家车、精品商店、文化设施、开放空间、就业岗位——一套全新的休闲、消费、生产、娱乐、居住的空间关系。最为关键的是，地产开发成了城市最为高产的经济行为，以吸引工作、税收和旅游业为目的而使自身合法化”（Smith，2002）。正是由于它对于老旧的市中心具有积极的经济和环境效益，“中产阶级化”往往被冠以“城市更新”的名目，侧重于短期经济效益、环境质量的提升和城市面貌的改善，而遮蔽了社会公平正义、可持续性的创意培育问题。

3.2.2　消费化

空间的“消费化”是指空间服务于其所承载商品的交换价值而非使用价值，或者空间本身作为交换价值的商品存在，它表现为交换（E）空间对集体消费（C）空间的入侵，它直接导致了社会公共品的私有化。

一方面，过度地依赖资本逻辑和快速的空间生产，使得城市空间和文化趋于同质化。经济效益被技术化为各个地块的规划指标，地块内的空间按照它的规定进行着经济效益最大化的极限设计，受大众市场欢迎且性价比高的设计很快就成为通用的模式，这些大同小异的空间塑成后即被快速出售，社会的差异性并没有体现在空间的内涵之中，甚至被刻意否定。与此同时，全球化的经济联系起了全球化的品牌连锁机构，它们搭乘着空间生产的列车对本地个性化的商业空间不断吞噬，并不断重塑和再生产着毫无“地方性”可言的文化范式和生活习惯。这一现象的典型代表便是“万达模式”，它把空间的地域特质抽离，将地方性整合进全球经济。

另一方面，供求关系在后工业社会或消费社会里发生了反转：社会的首要目标在于消费，只有刺激消费才能消化过剩的产能，才能缩短资本积累的周期，纵情消费变得与勤勉工作同等重要。因此，鼓动消费者的象征性元素起到了至关重要的作用，没有需求也得制造需求，再现的空间正在超越空间的实践，在某些情况下，美学成了利润的载体和权力的来源。多样性重于单一性，想象重于物质，图像重于体验，大众传媒随之兴起。按照此逻辑，符号鲜明的“标志性项目”成了带动一个地区后续一系列开发的重要形象策略，它是这个地区发展的引擎和向导，如上海浦东新区的陆家嘴、杨浦区的五角场。但是，这种表面上的丰富性和多样性是建立在金融资本中心性、同质化需要的基础之上的，它是“一种被控制的多样性，一种由资本主义生产模式的需要所决定、所限制的多样性”（费斯克，2001）。社会文化内涵的同质化和五花八门的“象征经济”[1]一同勾勒出了消费社会的面貌。

随着全球化的深入和流动性的加速，“制造差异成为现在与未来地方的一种全球化时期强烈的内在需求；形象、故事、事件、历史、建成环境特质等已然成为地方挖掘和亟待挖掘的公共资源”（杨宇振，2016）。越来越多的建成空间被贴上了老上海的“怀旧”符号，在上海宝山区顾村镇，绿地集团开发了以上海里弄文化为设计基础的“绿地公元 1860”。就品质而言，这个楼

[1] “建造一个城市，取决于人们如何综合土地、劳动和资本这些传统经济因素。但它也取决于人们如何对待和选择象征语言。城市的外观与感觉反映了关于什么——还有谁——什么应该被看见，什么不该被看见，关于秩序与混乱的概念，关于美学力量的运用的决策。在根本意义上，城市总有一个象征经济”（Zukin，2006）。

盘当属联排别墅的上乘之作，但是这里并没有太多关于里弄建筑 / 生活的历史记忆，也没有相关的文化群体聚居周围，设计师却选择以里弄住宅为蓝本，还称之为保护和再生性的项目。原因与动机在它的“项目介绍”中得以略知一二：在“历史背景”中，设计师写道，“为业主提供高质量的有品位生活的同时，向世界展示上海独特的居住文化”；在“为什么要专题研发里弄背景”的原因中，有一条是“有效规避政策风险，降低报批成本”。这很耐人寻味。开发商也确实得到了回报，不仅开盘后很快售罄，还获得了上海世博会指定“海派传统民居示范基地”资格。象征经济似乎得到了几乎全社会的认同。

3.2.2.1　地标性的“新天地”

再以新天地为例。太平桥地区是“九五”期间老卢湾区重点的旧区改造项目，由香港瑞安集团牵头，占股 97%，上海复兴建设发展有限公司参股 3% 合资开发，总投资 1.5 亿美元。1996 年该地区启动了石库门建筑改造项目，改变原先的居住功能，赋予它新的商业、文化与公共活动功能，把百年的石库门旧城区（二级旧里）改造成了一片综合功能的国际化社区。开发基本采取了拆除重建的模式，仅仅对西北角的一块石库门特色商业零售区——“上海新天地”[1]所在的里弄进行了再生性改造。

北里和南里共拆除数十栋石库门，对二十几栋石库门进行内部结构掏空，仅保留外侧的青砖墙面、石料门框和屋顶黑瓦，整体进行适应商业需求的现代化改造，包括在老房子外增加防水隔热措施，房子内加装现代化设施，每幢楼挖地数米，部分需深达 9m，铺埋地下水、电、煤气管道、通信电缆、污水处理、消防系统等，确保房屋的功能完善和可靠；同时还对部分石库门进行拆除重建（周永平，2015）（图 3.5）。

资本主导下的空间开发模式必然优先考虑受资本青睐阶层的文化趣味，一切为了私有化和高消费，交换价值连通了资本快速积累和增值的利益链条。整旧如“旧”虽然耗资巨大，但是瑞安集团凭借着不凡的资本运作、经营“文化资本”和项目推广的能力使得“上海新天地”成为这块区域的“象征”，市民和游客络绎不绝，纷纷前来体验“旧上海”的风情和购物的乐趣。今天，

[1] 太仓路以南、马当路以东、自忠路以北、黄陂南路以西是“上海新天地”的具体范围，其中横贯新天地的兴业路以北的地块称为“北里”，南侧称“南里”。共占地3万m^2，商业面积6万m^2。

新天地已经成为展现上海历史文化风貌的著名旅游景点，所获荣誉无数，并且带动了全国各地建设“新天地”的热潮。“新天地”分为南里和北里两个部分，南里以现代建筑为主，石库门旧建筑为辅。2002 年，南里建成了一座总建筑面积 2.5 万 m^2 的购物、娱乐、休闲中心，这座充满现代感的玻璃幕墙建筑里进驻了各有特色的商户，除了来自世界各地的餐饮场所外，还包括了年轻人最爱的时装专卖店、时尚饰品店、美食广场、电影院及极具规模的一站式健身中心。北里由多幢石库门老房子所组成，并结合了现代化的建筑、装潢和设备，化身为多家高级消费场所及餐厅，菜式来自法国、美国、德国、英国、巴西、意大利、日本等地，充分展现了新天地的国际元素（图 3.6）。

图 3.5　太平桥片区更新前后的卫星图

图 3.6　更新前石库门的生活空间（左图）与设计师构想的消费空间（右图）

（图片来源：周永平．新天地 非常道：寻找一条城市回家的路 [M]. 上海：文汇出版社，2015：155）

但是，高档的店铺不仅挤走了原住民和他们在地的空间联系，而且它所创造的城市公共空间对于大众阶层而言真正能在此长时间停留并发生积极的社会性活动的成本极高，人们更多的只是把它当作走马观花的旅游景点，而非高品质的城市客厅。不仅如此，新天地内部串联南里和北里的步行主轴和公共空间与地块周边的城市交通系统近乎隔绝，仅与地块内部建筑之间或室内的步行系统发生渗透和连通关系，这让新天地成了一个商业“孤岛”，布景式的高消费行为在专业的商业运营和严格管控下展开；同时，整个太平桥地区中产阶级化的开发切断了新天地与城市文脉和多样化文化空间的联系，新天地附近原有里弄街区的居民，甚至新开发的高档楼盘里的居民基本不会经常光顾这片纯化的商业空间，商业、居住、办公相互分离，创意空间更是难以进入（图 3.7）。

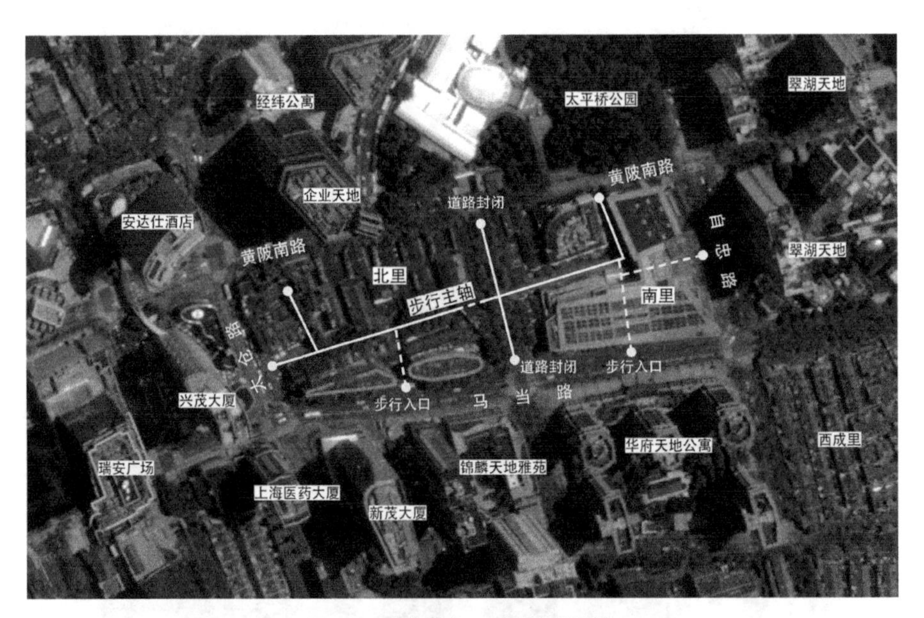

图 3.7　商业孤岛——上海新天地

3.2.2.2　冷落的“多伦路文化名人街”

多伦路原名窦乐安路（Darroch Road），位于上海市虹口区中部偏西，东起四川北路，向西再向北折，到四川北路接东江湾路处，呈 L 形，全长

550m，宽 10 ~ 13m（图 3.8）。20 世纪上半叶，特别是二三十年代，这里由于路面属租界当局管辖，两边属华界当局管理，一度声称双重管理，有时又双方不管，人称“三不管地段”。抗日战争期间又成为日本海军保甲区，因此，在上海解放前的近 40 年间，这里鱼龙混杂，权力空间错综复杂，各种文化群体均可以找到立足之处，思想开放且活跃。鲁迅、瞿秋白、丁玲、茅盾、郭沫若、夏衍、叶圣陶等三十多位左翼文化人士均聚居在这条长仅 550m 的小街上，其中巴金的《灭亡》、丁玲的《梦珂》、茅盾的第一篇小说《幻灭》、叶圣陶主编的《小说月报》等著名的文学作品都是在这里完成的，这铸就了多伦路“现代文学重镇”的文学地位。此外，公啡咖啡馆、鸿德堂、内山书店（旧址），风格各异的孔（祥熙）公馆、白（崇禧）公馆等更使多伦路成为海派建筑的“露天博物馆”。

从 20 世纪 90 年代初，虹口区文化局开始呼吁对多伦路进行全面的保护和整体开发。1999 年 4 月 8 日，虹口区人民政府召开新闻发布会，正式宣布多伦路文化名人街对外招商；1999 年 4 月 13 日，成立“上海多伦文化旅游开发管理有限公司”；1999 年 6 月 2 日，多伦路文化名人街开发指挥部通过《中国文化报》向海内外募集“抢救文化遗产，保护故居遗址”基金，呼吁社会广泛参与。2001 年 6 月，虹口区城市规划管理局制定了多伦路整体规划要求，规划以保护地区（18.92hm^2）整体历史风貌为出发点，本着积极的保护态度，充分考虑保护与建设相结合，作出保护、保留、重建、拆除建筑的初步设想，在较大范围中考虑保护的概念，以保护建筑和建筑群为主体，完善空间形态；建立公共空间层次和体系，补充新功能，增强社区活力，提高空间质量，形成合理的组团和地区特征。从而造就了多伦路“上海近现代建筑博物馆”，以及永安里、景云里、柳林里等组成的上海最大的一块石库门建筑风貌保护区。

但是，历史积淀如此深厚、文化资源如此丰富的多伦路在经过全面的风貌保护和有限度的整体开发后只是在虹口区内小有名气，算不上上海市的热门旅游景点和城市名片，在游客中鲜有问津，名气甚至不如附近的甜爱路和山阴路。与新天地相比，同为以上海历史及文化为主题的空间生产，甚至多伦路的保护和开发方式更受专业学者的认可，但为何它们的名气和关注度的

图 3.8　多伦路鸟瞰

差异如此之大？根据郭恩慈副教授的对比研究，我们可以发现资本权力的不对等是造成两者空间价值和文化影响力悬殊的根源（表 3.1）。

上海新天地与多伦路的比较　　表 3.1

<table>
<tr><th colspan="2"></th><th>多伦路文化名人街</th><th>上海新天地</th></tr>
<tr><td colspan="2">宣传口号</td><td>多伦金秋艺术之旅；一条多伦路，百年上海滩</td><td>昨天、明天相会在今天</td></tr>
<tr><td colspan="2">对象</td><td>主要为附近居民及国内游客</td><td>国内外游客</td></tr>
<tr><td rowspan="4">空间特色</td><td>卖点</td><td>海派建筑露天博物馆；“左联”文人活动的旧址</td><td>重现 20 世纪 20 ~ 30 年代的上海石库门生活</td></tr>
<tr><td>街道整体设计</td><td>保留原来的街道规划；弯曲的街道两旁有售卖中式字画、古董、纪念品的商店及小摊贩；街道上设有长椅供市民休息</td><td>整体环境经过重新规划，改变传统石库门的居住用途，成为高档消费场所；大量的特色狭窄的里弄街巷改建成宽阔的露天广场、餐饮以及表演场地</td></tr>
<tr><td>装饰</td><td>文化名人雕塑铜像设置在街道两旁；名人足印刻版及其签名铺设在街道上</td><td>模仿重造 20 世纪 20 ~ 30 年代样式的石库门建筑，配以各种充满怀旧特色的装饰构件</td></tr>
<tr><td>灯光配置</td><td>有限度的街道照明；整条街道没有任何灯光招牌；区内的照明主要是街灯，照射树木的灯光以及附近民居的灯光；商户的营业时间约由 9 点至 20 点</td><td>不同颜色的射灯遍布新天地；商铺至少营业至晚上九点半，不少餐饮店通宵营业；各餐厅、酒吧、咖啡店的灯光招牌使整个区域五光十色</td></tr>
</table>

续表

	多伦路文化名人街	上海新天地
店面设计	大部分商店没有特别店面设计或装饰；灯光昏暗；货品凌乱摆放；售货员没有任何制服	每家商店均有特别的设计风格；店内设有射灯及不同的灯光效果；货品整齐摆放；服务生穿着整齐制服
管理	由小商户及商贩组成的多伦路文化街管理有限公司；有车辆驶入	由开发商全面管理；除了主要的马路外，车辆不可驶入步行区范围
社区生活	虹口区的居民视多伦路为社区范围，日间常有长者聚集休憩，晚间则有居民散步	原住民被迁出，整个太平桥地区全被开发为商业区、高档住宅区及旅游景点；没有任何社区生活

来源：郭恩慈 . 东亚城市空间生产：探索东京、上海、香港的城市文化 [M]. 台北：田园城市文化，2011：279-280.

综上，成为商品后的城市空间，必须符合资本积累的内在要求，这也是把老里弄当作高档商场设计的新天地能够成功，而老老实实地做保护修缮的多伦路门庭较为冷落的原因。“正如 Harvey 所说，人们已不会对历史采取严肃且有深度之态度去理解，历史反而只是成为当下社会消费文化的再创造：历史已变成‘历史肥皂 / 连续剧’了”（郭恩慈，2011）。既没有巨额的资本运作和空前的宣传手段，也没有新天地时尚广场（2010 年 11 月开业）这样的商业旗舰项目，多伦路何以与消费化抗衡？在巨大的经济政治效益面前，“到底保留了多少老的石库门里弄建筑”“原住民的去向如何”等诸如此类的“人本主义”问题似乎可以被人们所遗忘。

然而，受冷落的多伦路虽然没有受到金融资本对待新天地那般的垂涎和眷顾，但是它对于普通市民和城市生活而言并不冷清。区域内成片保留的里弄街区为多伦路注入了人气，开放的边界和畅通的步行系统让多伦路继续承担着城市客厅的作用，是市民理想的游憩、交友场所；多伦路上不只有商业业态，同时还有与市民息息相关的文化、教育和社区服务功能，如上海市老干部大学纺织分校、多伦路第二小学、多伦路居民委员会、柳林里居民委员会、上海基督教鸿德堂，不仅有上海多伦现代美术馆，还有各种小型画廊和艺术家工作室等创意空间。各种功能的高度混合且和谐共处让多伦路比商业“孤岛”新天地更加的生活化和日常化，文化生态更加多样，同时也使得培育创意的成本更低。

3.3 上海的社会空间分异及其结构模式

上海宏观上的产业转型，中观上的公司和劳动力市场组织模式的变革导致上海职业和收入分布的深刻变化。阶层权力的变化在地理学上表现为空间的分异、一种“极化”（polarization）的趋势。总体上，不同阶层的权力的差距在迅速拉大，但在一定空间单元内的阶层混合度和差异在急剧降低，即形成了“总体大差距、局部小差异”的局面。

3.3.1 就业人口的权力分异

金融机构的行为影响了资产和管理之间的关系，企业的所有者和管理者分离；伴随着自动化技术的推广，外力倒逼着国内企业进行改革、重组，不断精简传统的科层化组织架构、裁减工人，从而造成从事第二产业的人员越来越少（在20世纪90年代，上海有100万产业工人下岗）。1984年，在国务院与上海的专家共同研讨后，上海市政府决定开启产业转型的道路，优先发展第三产业，即由原来“二三一”的产业结构转变为“三二一”结构，上海经济发展战略由此转变。虽然1990年以来，上海的第二产业和第三产业都呈现增长的趋势，但是第三产业的增长势头明显高于第二产业，全市第三产业一直保持着高速的增长，而第二产业自2010年以来呈现出增长停滞的状态（部分原因可以归于2008年金融危机的影响）；2000年，上海第三产业的增加值首次超过第二产业，随着第三产业的发展，制造业的GDP比重持续下滑。

就经济增长贡献率和相较于金融业和房地产业的超额利润而言，上海的第二产业（尤其是制造业）明显降级。从2011年开始，第三产业的经济增长贡献率超过第二产业，前者的贡献率持续快速增长，在2015年达到了94.3%，而后者的贡献率呈现快速下降的趋势，并在2015年首次跌入10%以内，仅为6.7%（图3.9）。根据2016年上海统计年鉴的数据，2015年全市制造业职工的平均工资为58120元，金融业职工的平均工资为206679元，后者是前者的3.6倍。根据统计数据，2005年到2015年的10年间居民的收入水平差距逐步加大，上海市收入最高的 10% 群体和收入最低的 10% 群体的收入差距从 2005 年的 2.73 倍上升到 2015 年的 3.52 倍。从事知识型服务业[1]的白领阶层的收入水平最高（但是从事文化创意产业的职工收入水平在 10 年内并没有得到明显提升）；第一产业和劳务型服务业[2]阶层的收入水平最低。

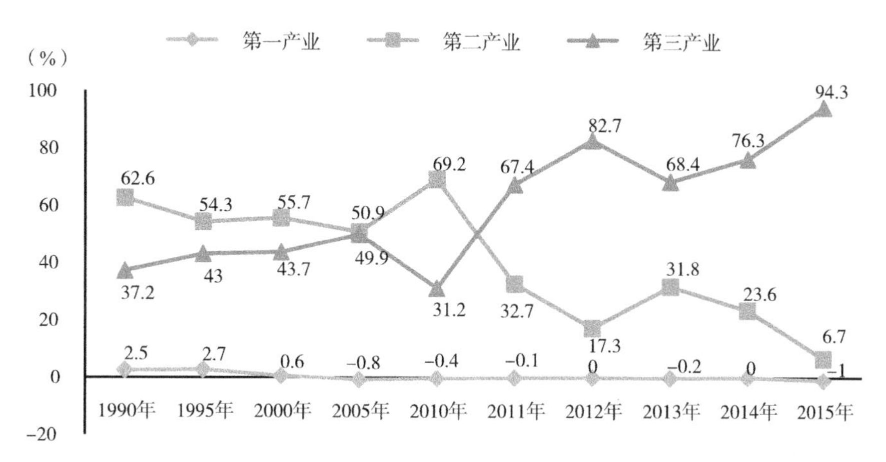

图 3.9 上海产业经济增长贡献率的变化趋势

（图片来源：笔者根据上海统计年鉴的数据绘制）

同时，上海快速的发展不仅得益于外国直接投资和国内外金融资本运作下的“空间生产”，也得益于广阔的腹地为其提供的廉价资源，特别是劳动力，外来务工人员源源不断的供应使得上海的工商业一直保持着强大的竞争力。金融等高端服务业在上海的兴起和市场对于专业服务的巨大需求催生出了一大批从价值链上游到下游从事服务业的公司和人员，对于购买劳务型的公司、家庭服务的需求随之猛增，他们同时又互为因果。一大批高收入家庭的诞生伴随着更大一批低收入家庭的诞生，上海的第三产业在高端和低端的两极同时快速发展。因此，上海从业人员的结构在总体上呈现从事高端和从事低端

[1] 知识型服务业是以知识和信息为基础的、知识含量较高的服务部门，包括专业和科技服务、教育服务、信息服务、文化服务、健康服务和金融服务等部门。

[2] 劳务型服务业是以体力和低技术为基础的、劳务密集和知识含量较低的服务部门，包括批发和零售、运输和储存、食宿服务、房地产服务和家庭服务等部门。

产业的人员共同增长，高端的增长速度快于中端和低端，但低端依旧庞大的“小马拉大车”的局面。

3.3.2 就业人口的空间分异

一方面，“配置性资源”的变化导致空间权力的变化，“生产（P）”空间被挤压出了市区。大多数制造业生产部门从市区整体搬迁出来或者就地倒闭，而有些传统生产性的企业随着产业转型升级为生产服务为主的综合性企业，总部位于市区，而把生产基地分散到土地价值较低的外围地区，甚至把制造、组装等业务外包到其他城市；在上海开设总部的制造业生产企业更是如此，如西门子、大陆集团的上海总部坐落于上海中心城区的大连路总部经济集聚区，而把制造基地开设在临港产业区（西门子风机设备制造厂所在基地）等工业区，这一切都得益于经济全球化和信息化的发展以及交通物流成本的急剧降低。

这造成了工人阶级的迁移，第二产业居民的集聚度在中心城区内逐层递减，且形成中心城区外圈包围内圈的态势（李志刚 等，2011）。当然，在此过程中，全市工业用地的集聚度和单位面积产出随着产业的升级、转型显著提升：工业用地逐渐从“195 区域”和“198 区域”转移到“104 区块”内（图 3.10）。上海于 2020 年 3 月 31 日向创新型重大产业项目推介的 26 个特色产业园中，有 23 个产业园都位于中心城区之外的 104 区块内。2015 年，上海工业区的工业总产值已经占到了全市工业总产值的 80%；工业用地的“集聚度从 1996 年的 20% 提升到了 2012 年的 50.5%；单位面积产出从 1996 年的 12.45 亿元 /km^2 增加至 2012 年的 45.05 亿元 /km^2”（石忆邵 等，2014）。“集约化”也对城市集中建成区内特别是中心城区内的既有工业用地的升级、转型和转性工作提出了客观需求。

另一方面，“交换（E）”空间，从承托大量劳务型服务业的空间到吸引高度专业化的知识型服务业的空间，则在中心城区内继续集聚、高度集中，开发强度进一步提高，上海的第二产业和第三产业的从业居民在宏观上形成了城区“内外”相互分离的空间分异现象。这些导致了全市范围内社会空间结构的改变，“后工业文化”、消费文化开始蔓延并成为这个时代上海的文化范式。对于大批从事服务业的低收入人群，特别是外来务工人员（流动性大，

图 3.10　全市 104 个产业区块布局图

（图片来源：上海市人民政府 . 上海市工业发展“十二五”规划 [R].2011.）

通过人口普查很难追踪），他们一部分逐渐被挤出中心城区，一部分以群租的方式留在城区居住环境较差的里弄街区、老新村等地。按照 CPS 理论框架，不公平的财富再分配和城市级差地租会导致城市不同的权力阶层在空间上的分异，在地理学上表现为空间的隔离和集聚。它一方面表现为高收入与低收入人群之间居住空间的隔离；另一方面表现为同质人群内部的空间集聚，如封闭的高档社区和无人问津的贫民窟，以及侨民区、少数族群的飞地等。这又使得社会极化与空间分异现象加剧。

根据宣国富利用聚类分析法得出的上海市中心城区 2000 年社会空间结构类型图（图 3.11）和模式图（图 3.12）以及房价分布的特点可以看出，上海中心城区被“权力”分割成六大空间类型：老年人口集中的旧城区、高社会经济地位居住区、单位公房居住带、人口导入的新建居住区、外来人口聚居区、农业人口散居区。笔者认为这是新自由主义经济模式对空间进行支配和再生产的结果，这对于城市文化的交流融合和创意培育十分不利；同时中观层面的空间模式也不容乐观，如过多的封闭社区和纯化空间，这就需要我们从历史的经验和创新的思路中利用城市更新去解决这一问题。

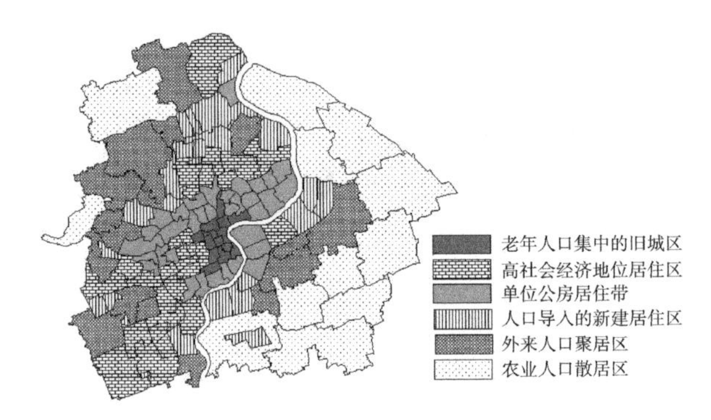

图 3.11　上海中心城区社会空间结构类型图
（图片来源：宣国富 . 转型期中国大城市社会空间结构研究 [M]. 南京：东南大学出版社，2010）

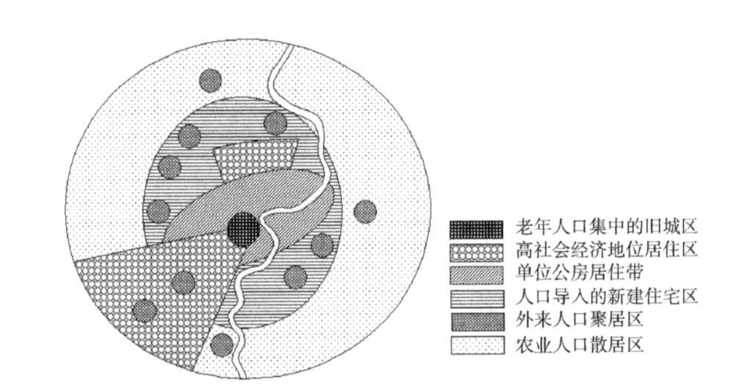

图 3.12　上海中心城区社会空间结构模式图
（图片来源：宣国富 . 转型期中国大城市社会空间结构研究 [M]. 南京：东南大学出版社，2010）

3.4　上海的创意空间及其问题

创意文化空间（或创意空间）是创意阶层长时间在此集聚并重复发生知识的传播、学习、生产以及资本化等事件的空间，也是文化创意产业重要的空间载体。创意空间的产生和发展内嵌于整个上海城市的空间生产机制中。在知识经济快速发展的背景下，上海的创意空间有多种空间表现形式和生产机制。在第三产业的范围内，笔者把它们分为五种类型：①各种公共文化设施，如博物馆、美术馆、图书馆、剧场等；②各种教育科研场所，如大学和（大学）科技园、孵化器等；③主要从事创意产业的写字楼、办公楼等商业和商务建筑（楼宇经济、总部经济）；④商住混合的创意街区；⑤文化创意产业园，或简称创意园（creative park）。这些类型的创意空间可以相互混合，形成一个个规模不同且相互联系的创意产业集群和创意社区。其中，大学科技园、孵化器和创意园是自 2000 年以后才大量产生的“园区式”的新型创意文化空间，它们催生于政府的资金和政策支持，在知识资本化和技术产业化中扮演了重要角色，同时也存在着文化培育、空间模式和权力机制上的缺陷。

3.4.1　上海的创意资源

自 2004 年起，上海在全国率先提出并着力推动创意产业发展；2006 年，《上海城市创意指数》编制完成，包括产业规模、科技研发、文化环境、人力资源、社会环境五大指标体系，是内地首个具有综合性和可比性的创意产业指标体系。上海也先后制定了一系列专门的管理办法对创意产业集聚的空间进行认定、日常管理与评估等：2008 年 6 月 17 日上海市经委发布了《上海市创意产业集聚区认定管理办法（试行）》；2008 年 9 月 9 日上海市委宣传部、市文广局、市新闻出版局、市经委联合发布了《上海市文化产业园区认定办法（试行）》；2014 年 10 月 28 日上海市文化创意产业推进领导小组办公室、市委宣传部、市经委联合发布了《上海市文化创意产业园区管理办法（试行）》。作为致力于成为卓越全球城市的上海，“吸引创意人才、发展创意产业、营造创意社区、构建创意城市，是 21 世纪上海城市发展的必然选择与核心价值所在”（诸大建 等，2007）。上海城市职能的根本性变化带来了权力重新分配和城市文化空间结构的深刻变革，而以空间变革为表征的城市更新必须充分适应创意城市的内在要求，营造创意阶层、城市空间与城市竞争力三者相互促进、可持续发展的良性循环。

从创新主体的角度，理查德•佛罗里达教授提出了“创意阶层”的概念，它分为两种类型。一种是“超级创意核心”群体，包括科学家与工程师、大学教授、诗人与小说家、艺术家、演员、设计师与建筑师，以及作家、编辑、文化人士、智囊机构成员、分析家等，他们主要的任务是创造易于传播并可广泛使用的新形式或新模型。另一种是“创新专家”，他们广泛分布在知识密集型行业，如高科技行业、金融业、法律与卫生保健业以及工商管理领域，他们创造性地解决问题，同时还利用广博的知识体系来处理具体的问题，可以较为自由地跻身于“超级创意核心”（佛罗里达，2010）。从事的工作种类不同是创意阶层与其他阶层的主要区别，工人与服务人员的薪酬大多可以通过按部就班的工作计划来评定，但创意阶层往往自己制定工作计划，自主性和灵活性更强，更加追求多样性和包容性。近年来上海创意阶层的数量快速增长，三年的时间里，上海文化创意产业从业人员从 2010 年的 108 万人（占总从业人员的 9.78%）迅速增长到 2013 年的 130 万（占总从业人员的 11.43%），三年增长了 20.37%，他们是当今和未来全球城市竞争力的关键所在，《上海市重点领域人才开发目录》与之直接相关。

从产业集群和空间的角度来看，上海创新力的来源有二：高端制造业集群和知识型服务业集群，后者支撑前者。通过前文的分析可知，前者主要位于中心城区（外环线）之外，它们以工业园区的形式位于“104 区块”之内，在总体上“形成了制造业的八大产业集群”。但根据前文的分析，上海的工业生产和对经济增长贡献率在近年总体呈现下滑的趋势，特别是新兴产业的发展与深圳相比显得“不温不火”。2016 年，上海“全年战略性新兴产业制造业总产值 8307.99 亿元，比上年增长 1.5%，占规模以上工业总产值的比重为 26.7%，同比提高 0.7 个百分点”（上海市统计局，2017），而深圳同年的战略性新兴产业对 GDP 增长贡献率为 53%，先进制造业占工业比重超过 70%。2015 年，深圳第二产业增加值为 7205.53 亿元，虽然略少于上海的 7991 亿元，但前者较 2014 年增长了 7.3%。其中，深圳的先进制造业增加值 5165.57 亿元，增长 11.5%；高技术制造业增加值 4491.36 亿元，增长 9.7%。

知识型服务业集群主要分布在中心城区，以相关的总部经济、楼宇经济，以及各类科技园、创意产业园为典型，它是目前上海建设创新型大都市的重要动力所在。据统计，2012 年，上海文化创意产业（其本质是知识型服务业，主要包括媒体业、艺术业、工业设计、建筑设计、网络信息业、软件与计算机服务业、咨询服务业、广告及会展服务、休闲娱乐服务、文化创意相关产业，分类参见《上海市文化创意产业分类目录》）平均从业人员 129.16 万人；实现总产出 7695.36 亿元，比上年增长 11.3%；实现增加值 2269.76 亿元，按可比价格计算，比上年增长 10.8%，高于全市 GDP 增幅 3.3 个百分点；占全市生产总值的比重为 11.29%，比上年提高 0.42 个百分点；对上海经济增长的贡献率达到 20.2%（曾澜，2015）。值得注意的是，绝大多数制造业企业中的创意工作者的比重在逐步上升，即有越来越多的人在非文创产业中从事着创意性的工作，当然也有大量在文创产业中从事着非创意性工作的人员。

3.4.2　科技园

根据“三螺旋”（Triple Helix）创新模式，科技园是三螺旋的三个初级机构（大学、产业和政府）相互作用和合作而形成的“二级机构”或混成组织（hybrid organizations），它为知识资本化和技术产业化的实现，以及创意人才的培养和创意文化的培育提供了重要的空间情境。2010 年，上海地区科技园孵化企业总产值达到 27.25 亿元，占全国科技园孵化企业总收入的 12.30%（周文泳 等，2016），创意成效显著。

在国家干预主义社会，创意作为任务被政府分配给产业部门，大学只是教育机构，大学和产业之间的知识流动和合作通道只有在特殊情况下才会打开，创意的控制点处于政府的控制之下；在自由放任主义社会，大学、产业和政府彼此独立、相互分离，大学与产业之间的合作往往是自发的，且需要中间机构的间接联系，创意的控制点在企业内部；而在“三螺旋”的创新模式下，创新的控制点存在于大学、企业和政府之间或权力重合的地方。

科技园的建设是知识生产机构本身的内在动力驱动的，它的开发离不开金融资本的支持，但不同于地产开发式的资源掠夺和占有；相反，它的目的在于集聚和转化知识，从而提供资源的可持续生产空间，“在知识被转化为资本的同时，资本也含有更多的知识成分”（埃兹科维兹，2013），即文化成分。一方面，在科技园的空间生产和管理方面，政府和大学共同作为区域创新和空间更新的组织者对入驻企业提供资源，且分工明确，在权力的运用中保持相对的自主性。其中，政府为大学提供土地、资金支持和优惠政策，大学和政府联合成立的专业管理公司提供运作管理，大学提供新知识和新技术的转移以及各种无形资产，同时大学也通过提供研究成果成为生产要素机构。另一方面，科技园与高校在物理空间上往往能保持临近的关系，使得它处于创意人员所认同的文化圈层和新知识的辐射之中，在熟悉的空间情境和社会关系中非常容易上手工作和产出成果。

科技园是自上而下的合作产物，但是环大学和科技园的知识集聚产生了积极的溢出效应，促进了自下而上的创意文化空间的生产，形成了大范围的创新区域，促进了知识型产业在市区内的集聚和发展。在特定的创新区域中并没有确定的权力实体和地理空间范围，它的企业“招牌”和空间不断地变化，但是以创意为导向的文化氛围始终存在并不断强化。这里所发生的是知识或者创意带动下的城市更新实践，而不是传统意义上的地产开发。最有代表性的案例当属上海环同济知识经济圈，即“环同济研发设计服务特色产业基地”的城市更新，它是典型的大学与知识型产业互动发展的空间生产模式，十分具有研究价值。

环同济知识经济圈的发展要追溯到20世纪90年代初，当时随着改革开放和第一次房地产开发的热潮，市场出现了大量建筑、城市规划、道路交通等工程类项目，而这恰恰是同济大学的学科专长。同时伴随着市场化的浪潮，同济大学校内及周边（主要集中在校园南侧的赤峰路东段）开始出现由教师作为法人的设计公司和工作室，一系列的与之相关的产业，如效果图、模型制作，图文印刷及设计制作，设计出版物销售等，也开始出现，创意设计产业链在校内、校外初步形成。到了90年代末，随着高校扩招和合并，同济大学内教育空间的需求猛增，产业空间日益紧缩，因此大量的产业空间开始向校外转移，并大量选择在了本部与南校区（合并前为上海城市建设学院）之间的赤峰路上，周边的住宅社区或商务楼也承接了大量的产业空间。这个时期的赤峰路脏乱差、乱搭建现象严重，学校北侧的国康路更是一条充斥着工厂和棚户区的小路，但是随着产业集群的不断扩展和高校、政府的介入，同济周边的城市更新开始加速。

2000年之后赤峰路的产业空间已经严重不足，众多新兴的小企业和扩张中的中大型企业都在寻找同济周边的办公空间，高品质的科技园供不应求，因此校园北侧国康路至中山北二路之间的地块以及校园东侧沿四平路区域的城市更新开始起步。国康路西段最初的规划由具有高校背景的，主要从事房地产开发等业务的上海同济科技实业股份有限公司（简称同济科技）提出，同济科技期望将国康路地块进行以创新为导向的城市更新，提升同济大学的产业辐射力和影响力，因此位于国康路的同济大学科技园的规划应运而生，同时同济科技又从杨浦区政府手中买到了土地，分两期开发。一期是同济科技大厦和同济国康公寓的建设，前者由同济科技的控股子公司上海同济科技园有限公司投资建造，以建筑设计类、工程咨询类及环保企业为主，建筑面积 29200m^2；后者由同济科技自主开发。二期是上海国际设计中心的建设和同济规划大厦改扩建工程，前者由同济科技出资建造，建筑大师安藤忠雄设计，建筑面积近 35500m^2；后者由原 12 层高的上海绣品厂厂房改扩建为高层教学办公综合楼，同济原作设计工作室设计，主要服务于上海同济城市规划设计研究院等设计企业。除此之外，同济科技与杨浦区政府通力合作，于 2006 年引入了原办公地点在长宁区江苏路的上海邮电设计院，完善了同济大学科技园国康基地区域的设计产业结构。经历了将近 10 年的城市更新后，国康路焕然一新，成为环同济知识经济圈内重要的知识空间和创新空间（图 3.13）。

图 3.13　更新后的国康路地块示意

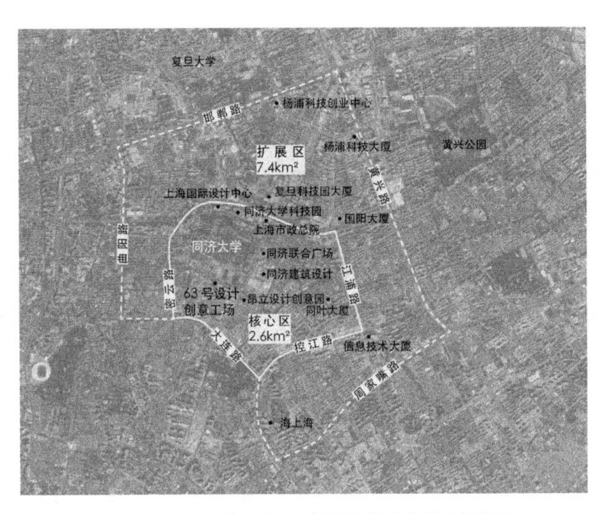

图 3.14　环同济知识经济圈的核心区和扩展区

高利润率的创意和设计产业、国际工程咨询服务业、新能源新材料和环保科技产业三大产业在同济周边的集聚，形成了“环同济知识经济圈”，它们构成了对空间使用的强大支配力，并决定了城市更新的方向。环同济知识经济圈以同济大学四平路校区为核心，包括密云路、中山北二路、江浦路、控江路、大连西路—大连路围合而成的“核心圈”（约 $2.6km^2$）和以曲阳路、大连西路—大连路、周家嘴路、黄兴路、邯郸路围合而成的“扩展区”（不含核心圈约 $7.4km^2$），共约占杨浦区总面积 1/6（图 3.14）。其中，核心区已经聚集了 1500 多家以研发设计为主的知识创新型企业，从业人数近 3 万人，2015 年的产值为 306 亿元，约占当年杨浦区 GDP 增加值的 19.3%，地均产值超过了北京中关村。圈层内的创意文化得以深化、传播，产业结构也得以逐步完善，最终形成了“大学—产业—政府”的良性互动。刘强博士对于环同济知识经济圈知识型创新性产业集群的特点和发展机制的研究表明：一方面，同济大学、科技园区与企业、杨浦区政府在环同济知识经济圈的发展中发挥了各自不可取代的作用；另一方面，“大学—产业—政府”的互动和合作也极为关键，其中有杨浦区政府与同济大学之间、同济大学与四平街道之间、大学与科技园及产业之间的积极互动机制。同时，杰出的领导者、工会组织、区域内党团基建组织、企业家俱乐部、校内外研究机构、创业导师群体、同济创客联盟等都为其发展做出了贡献（刘强，2016）。

笔者认为，在“大学—产业—政府”互动的过程中资本对高校周边的土地没有进行单一性的盘剥，也没有呈现严重的中产阶级化和消费化的空间现象，而是共同以创意潜力培育作为先导和目标，金融资本只是助力。

3.4.3　创意园

进入 20 世纪 90 年代，上海的产业结构开始了战略性的调整，确立了坚持“三二一”的产业发展方针。根据 1996 年《上海市国民经济和社会发展“九五”计划与 2010 年远景目标纲要》，上海“退二进三”的进程加速。这时业务量缩水或生产基地外迁的工业企业抓住了上海房地产业发展的浪潮，它们明白出售或自主经营中心城区内的大面积厂房和土地是资本生产的绝佳空间手段，而且又可以满足政府的诉求，这就为在工业园区在“三不变”（土地性质、房屋产权关系、建筑结构不变）的前提下进行大规模的商业经营创造了条件。这在客观上造成了上海 80% 的市级创意园是由工业用地之上的工业建筑改造而成。随后，这些出售土地使用权的国有企业转变成了房地产开发商，遵循着颇为短视和粗糙的土地财政模式进行空间的转变和生产，虽然这在一定程度上提高了中心城区的空间使用效率，并缓解了由下岗潮所带来的就业压力，但创意文化在其中只是获取利润的手段。按照产业集聚的类型，上海创意产业园可以分为科技研发（如慧谷软件园、徐汇软件基地）、建筑设计（如 63 号设计创意工场、昂立设计创意园）、咨询策划（如创智天地）、文化艺术（田子坊、M50）等类型，且多个行业在一个园区内可以相互共存（如红坊、海上海），甚至“都市型工业”也会出现在部分创意园之中。

2004 年 11 月 6 日，上海创意产业中心成立。它是经上海市经济和信息化委员会、上海市社团局批准设立，从事推动上海创意产业发展工作的专门机构。从单位性质上来说它是民办非企业单位，但是它的主管业务部门仍然是上海市经信委。上海创意产业中心不仅是一个平台，它还会“协助市、区两级政府建立创意产业发展推进机制，建立健全创意产业集聚区的评估和统计工作”，并在提供咨询服务的过程中收取费用，而“那些偿付了咨询费的产业园区，更容易得到认证”（程新章，2014）。因此，上海市创意园的挂牌和管理有着强烈的官方和权力色彩。

在经济产出方面，上海两百余家创意园的产出约占全市文创产业总产出的 20%，而园区主营收入的 50% 来自租金，即园区内入驻创意产业类企业的产出仅为全市 10% 左右（栾峰 等，2013）。创意文化资本的产出量和比例与园区的空间利用方式有着直接的关系，在一定的劳动生产率的前提下，创意空间所占比重越低，文化资本的产出量也就越少，这就意味着上海创意产业园的空间和功能结构在总体上存在着较大的问题。而在对创意企业的扶持和创意文化的培育方面，情况也不容乐观。主要表现在四个方面：①创意企业入驻率低，到 2011 年入驻率不足 70% 的创意园区超过了 10%；②创意企业数量比重低，约有半数创意园区达不到 70% 的创意企业占比，未能达到《上海市文化创意产业园区管理办法（试行）》中第五条"园区认定条件"的规定；③出现类似于"苏荷效应"的逆创意现象，创意空间被餐厅、美容美发、精品店和休闲娱乐等业态挤压；④创意园的集聚区与文化创意事件的集聚区在空间上错位严重，前者没有对后者形成有力的支撑，没有形成良好的创意生产、交换、分配和消费环节的互动关系（Michmouch14，2012）（图 3.15、图 3.16）。

图 3.15　上海创意园的集聚度示意

（图片来源：Michmouch14. Designing Creative Clusters：Learning from Shanghai [EB/OL]. [2012-01-05]. https：//feltysurface.wordpress.com/2012/01/05/designing-creative-clusters-learning-from-shanghai/）

图 3.16　上海文创事件的集聚度示意

（图片来源：Michmouch14. Designing Creative Clusters：Learning from Shanghai [EB/OL]. [2012-01-05]. https：//feltysurface.wordpress.com/2012/01/05/designing-creative-clusters-learning-from-shanghai/）

究其原因，在文化—空间的关系上看，虽然大部分的创意园周边 2km 范围内均有高校或科研院所（栾峰 等，2013），但封闭的边界和自成一体的空间结构使得它们缺乏与周边环境的互动；再加上路网密度、道路尺度设计的不合理和慢行交通系统的匮乏，使其在实际距离上疏离于创意文化的核心圈层，或仅仅处于创意文化集聚区的边缘，难以发挥产业的集聚和辐射效应；在封闭的创意园中又缺少社区居民多元活动的支撑，因此很难培育出多样化、富有活力的创意生态系统。经过笔者的走访调查，经营状况较好的创意园往往位于品牌号召力较强的大学周边（500m 范围内），如同济大学（四平路校区）附近的 63 号设计创意工场、创智天地，上海交通大学（徐汇校区）附近的慧谷软件园，华东师范大学（中山北路校区）附近的周家桥文化创意产业园，且在产业类型上与所在高校的优势学科相关，文化气氛相对一致，即文化与权力关系紧密，同时它们周围都拥有大面积的居住社区和一系列的配套设施作为创意阶层的生活腹地。概言之，位于东北、西南两个大学圈状地带内的创意园的经营状况和活力明显好于其他集聚带内的创意园。

在权力机制上分析。从宏观上观察整个上海中心城区市属挂牌的 125 家创意产业园区的空间分布，可以看出每个区均有创意园的分布，且无论行政区划内的创意条件如何，中心城区各区和中心城区之外的各区之间的创意园数量各自呈现“均好性”特征，前者大多在 13 家左右，后者在 4 家左右。这体现了行政权力导向下的资源分配方式以及遵循行政层级的统筹分配逻辑。对于单独的创意园而言，园区内的创意空间受上级政府和负责招商引资的管理企业的双向制约，即行政干预和经济效益的压力。而对于创意园绩效考核的核心标准是剩余价值的生产效率，因此创意园的产生源于土地财政的模式，利用创意园的空间进行资本积累是目前绝大多数创意园的生存选择。另外，位于中心城区的土地价值较高，若缺少实质性的支持政策和合作开发模式，处于孵化阶段的创意空间和创意人才将会在租金的权力博弈中让位于更商业化、产品化的业态，田子坊就是在自由市场的竞争中创意“逃离”的一例。

概言之，与科技园相比，大多数的创意园缺少“大学”这个重要的权力和文化主体，与外界（高校、创意阶层、居民等）缺乏开放便捷的空间联系，同时也缺少有力的权力支持，这使得它们很难发挥出创意资本化和产业化的作用，更无法带动所在区域的创意文化培育。

3.5　对当下空间生产模式的反思——为创意城市建设寻求公平正义之路

在资本宰制下的空间生产，同质化的空间被流水线快速生产出来，房地产的开发和金融资本的蔓延以及跨国品牌的入侵使得浦东新区、各个新城以及市区大多数更新地块的城市肌理、空间形态和面貌并没有本质性的差异，居民的日常生活被其标准化，都市体验和文化的空间情境趋于同质化。资本的空间在级差地租的秩序前提下不断地对内城的低能级的既有空间进行盘剥和占有，这导致了不同权力的文化阶层在内城中不断地集聚、流动，社会空间不断地混合、并置。从宏观层面看，这是在全球资本主义和权威主义的背景下，上海政治经济发展的必然结果：金融资本拥有支配和控制资源的绝对优势，它不断地攻城略地，占据并再生产着那些好区位、高增值潜力的城市空间，城市的宏观空间结构不断按照它的要求进行重组，即它拥有支配性的空间权力，主导着城市文化的走向和内涵。概言之，这是在资本积累和增值的逻辑下，优化资源空间配置的客观结果。新自由主义导向下的空间生产在改善了一部分人的生活状况的同时也导致其他人的境况恶化，即严重的中产阶级化和社会空间分异，上海的基尼系数自改革开放以来不断地攀升，脆弱的创意萌芽不断地被大资本挤压。“在那种效率优先的考虑中，文化因素往往遭到遗忘，导致城市发展只关注于经济性、程序性和可重复性而缺乏原创性和吸引力”（童明，2010）。创意城市所要求的新的效率模式和公平正义这两个维度都在以地产为导向的“风景化”城市更新运动中面临危机。

另外，上海的创意资源的配置也随着产业结构的调整不断深化，其中一些由政府推动和执行建设的创意产业园存在着空间模式和权力机制上的缺陷，未能充分激活创意资源、发挥创意文化的带动作用；同时，一些新兴的创意企业因为不断增值的地租和经营成本导致其脱离最适宜的生态区域。

那么，当下和未来的城市更新又应该以怎样的模式去培育创意和创新力？这是一连串亟待回答和解决的问题。

第 4 章　文化与空间维度：城市更新中的创意生产

创意文化与空间是密切互动的一组关系。一方面，创意文化行为生产出了新的文化景观、空间情境；另一方面，全球化的空间进程和对地方价值的发掘又促进了新的创意文化形式不断涌现。同时，创意文化与创意空间的培育和发展深植于整个社会的生产关系之中，我们无法仅仅着眼于创意阶层而画地为牢地建设创意城市。因此，在城市更新中我们需要关注整个社会对创意的接受度，政治对自由的包容度，以及敏感且及时地提供空间以满足创意生产和消费的需要，解决创意空间在整个城市空间系统中的分化和再统一的问题。

4.1　创意与文化空间培育的理论研究

4.1.1　创意的产生与扩散

创意既可以通过自上而下的政府规划，也可以通过自下而上的市场和地方文化认同激发出来，在对巴塞罗那的研究中，Zarlenga M 等学者从创意主体的关系和社会资本的角度总结了三种相对应的文化创意集群类型（Zarlenga et al., 2016）。

①作为一种政府组织：作为文化机构的集群，它的动力来源于城市文化政策系统、文化管理机构之间的关系系统、政治家和文化机构负责人之间的交互模式，以及调节公私部门关系的文化和法律框架。

②作为一种市场导向型的团体：作为文化生产和（或）消费的集群，其中共享的职业文化和（或）基于十分灵活的项目共同利益占主导地位。

③作为一种群落的动态（community dynamics）：社区关系（基于归属感）和非形式化的创意关系在这些创意集群中占主导地位。

如果创意可以在上述三种情形中产生，那么创意如何进行下一步的扩散或可持续的发展？哈格斯特朗经过长期的经验调查，得出结论：创新过程中的蔓延性受到距离限制的“邻近效应”（neighbourhood effect）是创新的一个显著特征，创新扩散明显取决于沟通。他将最终的模型概括为如图 4.1 所示，一个互动矩阵（interaction matrix）构成了一个广义的或“平均的”信息场（information field），这个信息场构造了信息通过一个地区系统流通的方式。这些信息流受到物理障碍和社会阻力的调节，而物理障碍和社会阻力一起控制信息向创新的转变并因此塑造了连续的扩散波，而后者突破到采纳表面（adoption surface）（格利高里 等，2011）。因此，创意若要快速且及时地得到传播和扩散，社会空间对信息或创新波的阻力必须越小越好。它集中体现在两方面，一是集聚的空间，它不仅增大了人与人见面的机会，而且同一空间下高频率的交往行为更容易形成稳定的文化认同；二是复合的空间，它使得不同类型的空间行为得以混杂，形成多向联系的创意产业链和更加包容的创意文化氛围。

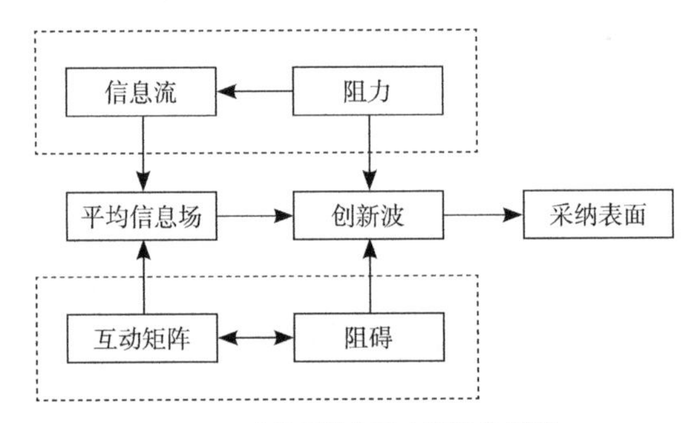

图 4.1　哈格斯特朗的创新扩散模型

（图片来源：格利高里，厄里 . 社会关系与空间结构 [M]. 谢礼圣，吕增奎，等译 . 北京：北京师范大学出版社，2011：298）

4.1.2　集聚混合的城市空间对于文化和创意的必要性

4.1.2.1　集聚 / 高密度的必要性

在信息时代，人们仍然无法完全脱离面对面的交流而各自为政地进行各种创意活动。今天，信息技术不仅没有让城市变得更加分散，反而城市内部和城市之间的物理空间变得日益集中和紧缩。从人与人交往的微观角度来看，自两位美国社会学家厄文·高夫曼（《日常生活中的自我呈现》，1959）和阿罗德·加芬克尔（《常人方法论研究》，1967）的开创性研究以来，与“邻近效应”密切相关的“面对面”（face-to-face）关系一直被认为是最丰富的沟通媒介。对于文化创意产业而言，地理邻近至关重要。例如在建筑行业，生产商与设计师会争取频繁的会面，除非有切实的阻力；在家具行业，尤其高端市场，室内或家具设计师与他们所使用的工厂之间存在密切而频繁的面对面互动；当建筑师弗兰克·盖里为诺尔公司（Knoll）设计椅子时，他坚持让诺尔在他位于圣莫尼卡正在实施的建筑旁建立一个小工厂，这样他就可以忙里偷闲去看一眼（Molotch，2002）。根据 Michael Storper 等人的研究成果，面对面的交往具有四个重要的优势：它是一种高效的通信手段；它可以帮助解决激励和信任问题；它可以促进个体的社会化和学习；它提供了心理动机（Storper et al.，2004）。

在城市更新和建成环境的角度，集聚意味着高密度、集约化发展，它直接反映了我们为解决城市化进程超速、人口膨胀、低效通勤、土地供不应求、生态环境恶化等问题而产生的紧迫感。

以上原因使得我们在创意城市和城市更新的研究中需要重新关注面对面互动和高密度发展。尽管新通信技术的发展和使用成本较低，但一系列的实证研究表明，共同在场的面对面互动仍然是高技能产业人员交流的重要手段。对直接见面交往的依赖和物理临近性的需求可以部分解释为什么创意空间总是倾向于在市中心或一些城市邻里中集聚，这同时也符合当下城市更新集约发展、盘活存量、精明增长的内涵和发展方向。

4.1.2.2　混合的必要性

知名学术机构“断面应用研究中心”（Center for Applied Transect Studies）认为混合使用（mixed use）是指“多个功能在同一个建筑物内叠加或相邻，或多个功能在相邻的或由权证确定的邻近的多个建筑内”。“混合使用和多样性”以及“混合住房”是新城市主义（New Urbanism）倡导的项目建设十大原则中的两个，前者分别指商店、办公室、公寓和住宅在社区邻里、街坊和建筑物内的混合，以及人的多样性——不同的年龄、收入水平、文化和种族；

后者指一系列不同类型、大小和价格的住宅相互邻近。混合不仅是多功能业态在一定空间内的叠加或相邻，而且强调了土地的兼容性配置和空间复合性使用（朱晓青，2011）；它也是多样化人群的共存，体现了场所的开放性和包容性。

总部位于美国西雅图的市政研究和服务中心（Municipal Research and Services Center）认为"混合用途开发（mixed use development）是公共交通导向型开发（TOD）模式、传统邻里开发（TND）模式和精明增长（Smart Growth）/ 宜居社区发展计划的重要组成部分。混合用途开发项目包含住宅、零售、商业、办公和娱乐等用途在近距离下的互补组合。功能兼容性问题不是通过将不同用途简单分散到各个单一功能的区块中解决，而是通过绩效标准、转换工具、精心的选址布局和建筑设计来复合解决"。

混合用途开发的实施范围可以是单个建筑物，体现为功能复合型建筑；也可以是一个或多个街区，体现为不同用地类型的混合。混合用途开发具有如下优势："行为区域的独立性，特别是对于能方便地步行、骑自行车或乘坐过境交通的年轻人和老年人；不断的人员来往确保了安全性；特别是对于短途出行而言减少了汽车使用；通过就近的服务和便利设施为在家工作的人提供生活保障；提供不同的住房选择，年轻人和老人、单身人士和一家人以及不同经济能力的人都可以找到合适的住房"（Oregon Department of Land Conservation and Development，2009）。对于倾向于职住一体，需要进行密切面对面交往，渴望新鲜事物以及作息不规律的年轻创意阶层而言，混合开发导向的创意社区更新正好满足了他们的需求；此外，生产和消费功能的并存，有助于形成生产与消费链的资本闭环，加速艺术家等创意阶层的剩余价值回报，增强空间权和文化认同。

"混合用途开发的本质是让人们更加接近每天的必需品。它让一个区域在整个 24 小时里都能发挥效用，人们每天的生活得以更加便捷和愉悦。此外，混合用途开发使得土地和基础设施得以被更高效地利用"（Atlanta Regional Commision，2011）。正因为如此，精明且可持续性的混合用途开发具有良好的投资回报（Minicozzi，2012）（图 4.2）。除此之外，混合区域对于临近的房地产价值具有相当大的正外部性，影响程度因规模和位置而异，这表明混合用途的开发可以直接促进区域的经济发展（Loehr，2013）。从元创新体系理论的角度，“大学—产业—政府”在空间上相互叠加有助于“二级机构”或混成组织的培育，最终通过具有竞争力的创新企业和创意人才带动整个三螺旋区域的发展，推动文化创意产业同其他产业的融合，并促进前后向产业的衔接，加快产业链的升级。

	ASHEVILLE WALMART	DOWNTOWN MIXED-USE
占地面积（英亩）：	34.0	00.2
每英亩的地产税：	$6,500	$634,000
每英亩的消费税：	$47,500	$ 83,600
每英亩的居民数：	0.0	90.0
每英亩的就业岗位数：	5.9	73.7

*Estimated from public reports of annual sales per sq.ft..

图 4.2　单一功能的商业项目与市中心混合用途开发项目的比较

（图片来源：https：//www.planetizen.com/node/53922_）

概言之，混合的优势主要集中在两个方面：创新波的传播效率和文化包容度（多样性）。但是，集聚和混合密不可分，同质化的集聚往往导致聚集不经济、单调的建筑形态和无聊的生活工作状态，只有多样性的混合才可以为高密度的创意社区提供密集而丰富的生活，才可以为创意产业集聚区提供开放共享的平台，降低创意型企业拓展业务的成本，促进企业之间的竞争与合作，形成聚集经济。

4.1.2.3　大都市的活力与安全

2020 年初开始肆虐的新冠病毒让每个人的空间行为模式发生了暂时性的彻底改变——社会性的公共交往空间向家庭空间转移，真实的物理现实空间向网络虚拟空间转移，全球流通网络减速甚至停滞。往日富有活力的大城市在此展示出了它的脆弱性和潜在的危险——确诊病例数以及防控难度和投入远大于、高于中小城市和农村地区。这让笔者开始重新审视集聚混合的城市发展模式下大都市的安全性问题。

“居家隔离”由于可以有效阻断病毒的人际传播成为各国普遍采用的疫情遏制措施。对于大都市，“居家隔离”的前提在于：①绝大多数的市民个体或家庭要拥有一定独立面积的固定居所；②居所的社区需要提供较为稳定的文化归属感以保证各项管理和帮扶措施的顺利实施；③医疗和生活服务设施应较为多样、齐全且容易到达，前者保证了病人得以及时救治，后者降低了日常必要的出行时间和与外界接触的范围（特别是在快递服务停滞的情况下）。

对于第①项，持续的旧改和城市更新改善了大都市居民原本拮据恶劣的居住条件。1949年时，上海的人均住房面积仅为3.9m²，弄堂里“七十二家房客”的居住环境逼仄、杂乱，安全隐患极高；1995年的人均居住面积提高到了8m²；随着住房改革后城市更新进程的提速，2015年的人均居住面积达到了18.1m²，居民住宅成套率达到96.8%，市民的都市权力得以加强，不再是游荡于城际的过客和无产者，从而确保了“居家隔离”的安全性、有效性和可控性。

对于第②项，物质空间始终脱离不了特定的文化“标签”（例如，在19世纪中叶的英国，穷苦百姓聚居的贫民窟不仅被认为是公共卫生意义上的藏污纳垢之地，也是道德上的瘟疫之地），文化也具有持续的空间塑造力和对资源的凝聚力。高密度和高流动性的大都市需要文化价值等软实力吸引创意人才，也需要文化认同和归属感确保个体的扎根和共同面对外部挑战的能力。人口结构合理、全龄互助的城市不仅具有产业竞争力，同时还具有强大的风险抵抗力。因此，活力创意阶层和创意空间的注入对于城市而言不仅具有经济价值，也具有重要的社会文化价值。

第③项则表明，“集聚混合”是大城市安全平稳运行的重要前提和保障。新冠病毒的致死率与城市规模并没有明确的相关性，而大城市的人均寿命则普遍高于中小城市和农村。因此，保障大都市的安全并不需要沉溺于“广亩城市”般的分散化和全时虚拟网络线上办公甚至生活的幻想，而是要通过调配各方资源为各阶层的市民提供优质、紧凑的人居环境和文化认同感，在此基础上增强安全预警和防护机制，以确保大都市的活力与安全。

4.1.3 日常生活视角下文化空间的形成

空间不能脱离时间来谈论。对于文化而言，“文化的拉丁词根‘cultura’，是培育（pflege）的意思……技术让某种先前遮蔽的东西显现出来，文化则是对本身已经形成的东西进行培育”（科斯洛夫斯基，2011），而培育则需要特定空间情境中的某种连续且重复的行为流，以连续时间创造完整的空间经验，这是一个空间和时间叠合上升的问题。

亨利·列斐伏尔从空间使用价值的角度出发，认为人们对空间商品的购买事实上是“对时间的支配”，也就是节约了时间的同时又得到了愉悦，空间包含着时间（列斐伏尔，2015）。换言之，权力对空间的工具性占用和支配所体现的正是特定文化阶层对有限时间的渴望和极致化的利用。

通过第 3 章的研究可知，生产方式的转变以致资源的不平等占有所导致的城市权力分化生产出了一个个孤立的城市空间体系，但是与文化培育直接相关的完整且具体的空间行为并没有得到深入的研究。首先，我们需要一个日常生活的视角来明确我们自身的文化观念是以他 / 她自己为中心而构建的，它是对围绕他 / 她周围的人际关系世界——社会网络的描绘（图 4.3）。同时，“任何一个人都有可能同时属于几个不同且不重叠的社会网络，并且，这些网络中的每一个都可能具有不同的特征”（诺克斯 等，2005）。随后，文化同一性的形成来源于人们时空中的共同定位。这里，瑞典地理学家哈格斯特朗（Torsten Hägerstrand，1916—2004）和以他为核心的隆德学派（Lund School）所开创的时间地理学（Time Geography）（图 4.4）为这个问题提供了合理的阐释。

在本书的文化概念与语境中，哈格斯特朗的理论模型向我们描述了在“时空立方体”（space-time cube）中，因权威制约（authority constrains）而囿于特定领地（domain）中的个体，其在时空轴上的一系列活动所形成的相应轨迹（path）会在特定的权力集团所提供并支配的具有公共性特征的城市空间——站点（station）中与其他人的路径相遇，并集结成管束（bundle），相互交流、互动，秩序和认同由此产生；如此一来，特定的文化就在特定时空内的群体性重复行为中产生。同时，能力制约（capability constrains）和组合制约（coupling constrains）使得绝大多数人的日常行为都发生在特定的时空棱柱（prism）中。其中，“能力制约受可用移动时间以及可用交通方式速度的限制；组合制约由限定时段内必须完成某特定计划而产生；权威制约指制度和习俗对移动和可达性的影响”（诺克斯 等，2005），简单来说，除了生理的制约之外，这三种“制约”所涉及的即是本书中的权力或者结构。一个人 / 阶层在时空中展开活动的能力，即吉登斯所谓的“时空伸延”（time-space distanciation）水平受其决定，“在非资本主义社会中，权威性资源是时空伸延的首要载体，在资本主义社会中，首要的载体是配置性资源”（格利高里 等，2011）。

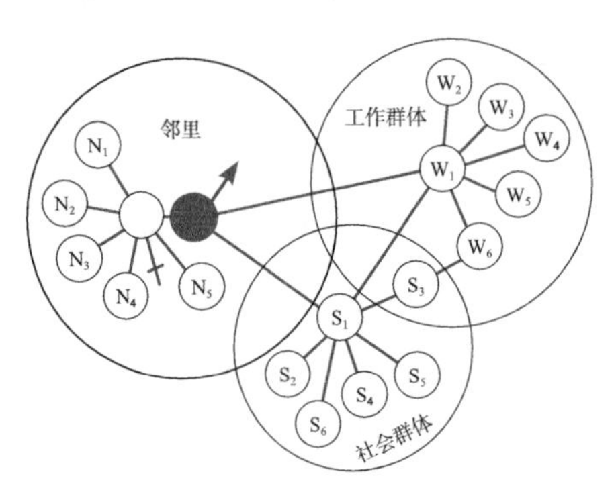

图 4.3　某男家长的社会网络形态

（图片来源：诺克斯，平奇．城市社会地理学导论 [M]. 柴彦威，张景秋，等，译．北京：商务印书馆，2005：198）

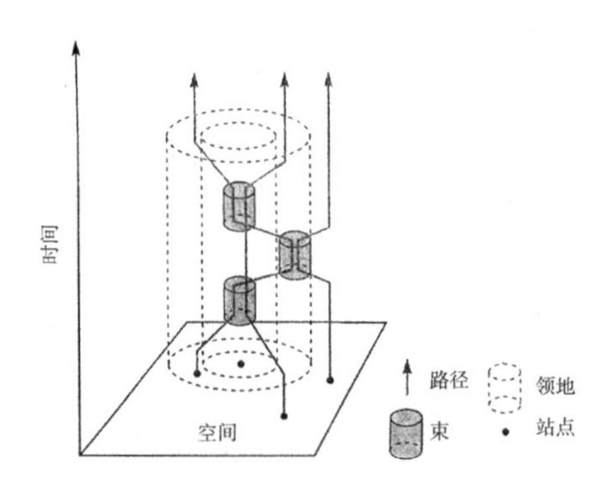

图 4.4　时间地理学的概念

（图片来源：诺克斯，平奇．城市社会地理学导论 [M]. 柴彦威，张景秋，等，译．北京：商务印书馆，2005：244）

通过上述理论研究可知，创意文化在特定的时空和权力的约束下发育成长，社会空间的结构对于创意发展至关重要。创意导向下的城市更新必须首先尊重文化群体的领地和物质环境，保护城市社区居民长期以来形成的社会网络；然后通过一系列城市更新的政策制定和空间策略执行，吸引年轻的创意阶层融入城市中心的既有社区，并形成相对独立、开放、集聚高密度的创意空间斑块；同时，在既有城市肌理的基础上进行其他类型创意空间的更新建设，最终通过一系列的站点和管束的合理配置，优化公共空间和行为路径，为创新波的传递构建“生产—居住—交换”连续通道，也为创意文化的培育提供理想的空间情境。

4.2　宏观层面：“生产—消费—交换”连续通道的构建

本小节以元创新体系和创意社区理论为基础，以创意型城市更新为手段构建校区、社区、产业区融合联动的社会空间结构，努力突破创意园、科技园等创意空间的生产范畴，促进城市产业区与公共社区等集体消费要素和交换要素的紧密联系。

4.2.1　创意产业集群的尺度

创意产业集群的尺度受行政权力对开发（更新）区域的布局和边界的划定等因素共同影响，如大伦敦地区所规划的十个创意中心（creative hubs），它可以构成城市空间战略和规划的一部分。但与已建立的区域产业集群相比，新兴的创意产业集群具有高度本地化的特征，它根植于邻里和“文化区”（cultural district），次区域（sub-regional）级的多中心创意集群和网络很常见；与制造业部门和一般的经济政策相比，创意产业集群很少有真正区域级的规模，国家层面的创意战略更是十分罕见（除了类似新加坡这样的小面积国家）。虽然创意产业集群需要在更大的区域范围内与产品生产者、中间商和消费者等市场要素发生联系，但是这些新兴领域的经济和就业增长潜力往往依赖当地的且少量的创意角色和“中心”（hubs）——大学、专业的艺术 / 设计学院或项目，文化场所和一些以旅游业为基础的零售活动，以及工业建筑的创意型改造（Evans，2009）。

因此，创意产业集群无法以一个新城或城市副中心的尺度进行纯粹的自上而下规划并实施建设，它们是在基于现有城市创意资源，满足创意生产、传播的客观规律基础上一系列资本投资和空间生产行为的结果。

4.2.2 在创意导向下定位城市更新拓展区域

根据CPS理论模型可知，影响创意产业或创意企业空间选址的因素有文化和权力两个方面，前者包括特定区域的品牌人气、创意氛围、历史文化积淀、环境品质等因素，后者包括政策支持、人力资源、租金、临近合作伙伴等因素。对于中小企业而言，虽然文化旅游景点、商圈和CBD拥有强大的消费吸纳能力和便捷的交通、配套服务等优势，但是高昂的租金让中小型的创意企业难以在其中立足。因此，相对于文化因素而言，租金成本和人脉培养是影响中小型企业选址的重要因素。而对于本身就作为创意空间、承载创意产业的博物馆、美术馆、剧院等文化基础设施，它们的分布则普遍受消费和大众教育导向，选址往往临近人流密集的商圈、在历史文化积淀深厚的景点之中或周围。

在论述相关的创意理论以及对目前上海创意园的劣势分析中，笔者强调了大学对于创意企业，特别是中小创意企业的重要性。大学作为城市重要的教育网络，是劳动力再生产的重要城市要素，有助于形成稳定的人脉资源和“圈子”（社会资本），增强个人或企业的市场竞争力；大学不仅进行本校或本地人的高等教育，而且它所具有的文化资本的赋予能力又可以吸引大量其他省市的已具有职业能力的劳动力在其周边集聚，他们期望在此进行本科之后的研究生教育，以及大量的在职培训，从而融入上海的人力资源市场和推动职业的高阶发展。对于企业主而言，大学与周边产业最紧密的联系在于员工的招聘，其次是信息和知识的分享、培训以及技术支持（He，2014）。对于创意思维而言，大学更加鼓励超越市场实用性和营利性需求的科学理论和文化探索。

因此，大学和低廉的租金应当成为创意企业选址和进一步产业拓展的空间基点。根据何金廖博士的实证研究，目前上海创意产业集群在空间上与大学的分布呈现出较为紧密的联系，特别是两大核心：以西南部徐汇—长宁区上海交通大学为基点的D集群和东北部杨浦—虹口区以同济大学为基点的E集群，产业发展持续向好；其他重要的集群A、B、C位于徐汇和杨浦之间，从静安—普陀—苏州河一带向南经过南京西路一直延伸至卢湾—徐汇区的中心地带（泰康路田子坊）。除此之外，创意企业在虹口区东部沙泾路，杨浦区东部军工路，黄浦区东部人民路、南外滩，长宁区北部万航渡路、天山路，浦东新区张江路、徐汇区北部田林路、天玥路，普陀区南部真北路、中江路，闸北区南部洛川路、西藏北路，宝山区东部逸仙路一带也有若干集群分布（图 4.5 中 F ~ N 集群）。

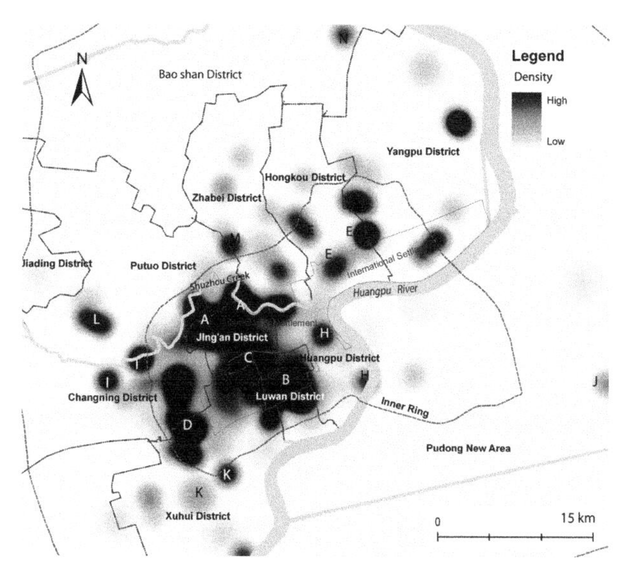

图 4.5　上海创意产业的空间分布示意

（图片来源：HE J. Creative Industry Districts：An Analysis of Dynamics，Networks and Implications on Creative Clusters in Shanghai[M]. Switzerland：Springer International Publishing，2014：73）

剔除租金高昂的主要商圈、CBD 和旅游景点，并结合高校资源和轨道交通可便捷通达的地区，在空间层面上笔者给出了上海具有创意型城市更新潜力的地区或未来城市更新单元所在的拓展区域（a-f）及其相关更新建议。具体如下：①加强上海戏剧学院华山路校区的建设，带动江苏路以东、延安高架以北区域的创意型城市更新；②加强黄浦滨江世博板块和徐汇滨江的创意型城市更新，强化与复旦大学（枫林校区）、上海医学院、华东理工大学等高校的联动作用；③加大老城厢地区创意空间的资源配置，增强创意为导向的城市更新建设；④增加海伦路—四平路区域大学校区的配置，以此为联动加快该区域的创意型城市更新，并在未来与苏州河沿岸的创意空间（1933 老场坊、半岛湾时尚文化创意园等）形成创意集聚区；⑤加强环同济知识经济圈和上海理工大学“中环滨江 128”国家大学科技园之间的联系和文化基础设施的植入，带动之间区域和杨浦滨江的创意型城市更新；⑥加大浦东新区内环线以内区域大学校区的配置，以此为联动增强张江高科技园区的拓展力度和辐射效应（图 4.6）。

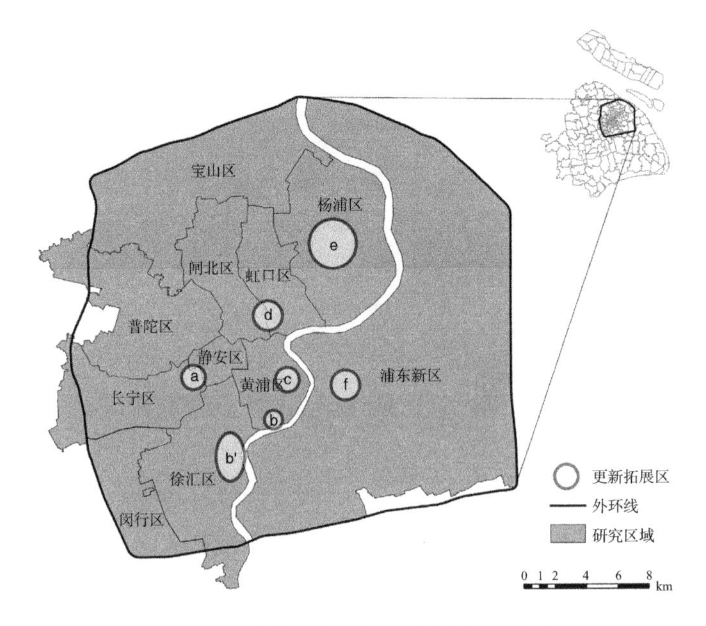

图 4.6 创意导向下的城市更新拓展区域示意

根据《上海市中心城历史文化风貌区范围划示》（2003 年）所确定的中心城 12 个历史文化风貌区的范围，其中 c、d、e 城市更新拓展区分别涉及老城厢历史风貌区、山阴路历史文化风貌区、江湾历史文化风貌区，因此在更新过程中还应当处理好创意空间的植入与保护优秀历史建筑和区域历史文化风貌之间的关系，促进创意产业、历史遗产、文化认同在城市更新中的协调发展。

从宏观层面而言，上海未来的创意型城市更新应当跳出现有创意园过分依赖既有工业建筑 / 厂区的选址思维定式，以创意空间的发展规律为前提，综合考虑大学等知识空间、公共交通、租金等主要影响因素，以此为基点寻找和扩展创意产业集群，合理地定位创意型城市更新单元。同时还应当打破各行政区资源的配置原则，遵循市场化运作规律；扭转高校教育资源向中心城区之外迁移的趋势，根据主导产业扶持城内既有高校的发展，增加中心城区高校和文化基础设施等资源的配置，进而与产业集群联动发展。

4.2.3　产业区与公共社区的整合——背景与更新策略

4.2.3.1　混合的城市用地结构

通过文献研究发现，在关于专项分析混合用途开发的文献中，土地的混合使用（the mix of land use）是一致的变量和关注领域（DeLisle et al., 2013）。而且通过分析优秀创意城市的用地结构可知土地的混合使用是在城市更新中破解产业区与公共社区整合难题的关键。

作为全球范围之内当之无愧的创意之都和第二大活跃的创业生态圈（祝碧衡，2015），纽约市的城市用地模式和区划（zoning）在不断地更新调整，以保持土地的合理利用，适应创意经济和社会结构的快速发展。1916 年纽约市颁布了全美第一部区划条例，之后经过改进，于 1961 年通过了沿用至今的最新区划决议，它是第一部集土地使用类型控制和使用强度控制为一体的用地法规。根据区划，城市管辖范围内的每块土地都有一个分区标志（相当于土地代码）以建立建筑和土地使用的相关参数，它分为住宅（R1-R10）、商业（C1-C8）、制造业（M1-M3）三种分区和自 1969 年先后指定的包括各种因特殊需要而设定的混合使用区、保护区等在内的 64 个特殊用途区（special purpose districts）。三种分区又分为低密度、中密度和高密度区域以及多个小类。除特殊用途区之外，三种分区之间的兼容性强，根据功能的相似性和兼容性，允许在三种分区内混合的用途被分为了 18 个用途组（use groups）。[1]

曼哈顿（共 59.5 km²）的核心区和布鲁克林、皇后区的部分构成了纽约市约 100 km² 的核心区域，总体上与上海内环线的内部面积（120km²）相当，核心区的用地结构呈现居住区、商业区、工业区、混合使用区和公共绿地不

[1] 详见纽约市规划局网站http：//www1.nyc.gov/site/planning/zoning/about-zoning.page。

同类型的用地总体混合且小范围集中分布的特征。纽约虽然经历了大范围的“去工业化”进程，但仍然在中心位置保留了大面积的工业用地；特别是曼哈顿的中下城、布鲁克林高地和威廉斯堡地区，居住、商业和工业用地交错分布，相互临近（图 4.7）。不同类型用地的临近意味着生产和消费行为并存，有助于形成生产与消费链的资本闭环，加速创意阶层和创意产业的剩余价值回报，增强空间权和文化认同。

图 4.7　纽约市 100km² 核心范围内的用地现状
（图片来源：http：//maps.nyc.gov/doitt/nycitymap/）

纽约现存的工业用地主要有三种情况，一是部分从事非制造业的工业企业尚未搬迁，通过靠近消费市场和智力源而保持企业的竞争力；二是大部分的工业企业已经搬迁，但是艺术家等创意阶层入驻并改造了既有工业建筑，这种自下而上的创意行为使得该工业区重新焕发了活力；三是从事重工业的企业搬迁，厂房空置且难以利用，该用地区划有待变更为住宅、商业等其他类型的用地。对于第二种类型，“苏荷”（SoHo）是典型的例子。从 20 世纪 60 年代中叶开始，由于低廉的租金、宽敞的空间和铸铁阁楼（loft）建筑特有的美感，艺术家们不断入驻纽约下城南休斯敦街（South of Houston Street）空置的工业建筑之中，把工业空间“非法地”且艺术性地改造成居住和工作空间，形成了一个具有高度文化认同感的创意社区。为了平衡创意阶层和工业企业的利益，城市规划委员会在 1970 年 10 月修改了区划，把原有的 M1-5“轻型工业区”分为 M1-5A 和 M1-5B 两个区。M1-5A 区位于苏荷西北部，百老汇大街的西部，那里的阁楼更小，且入驻的艺术家人数和工业空缺率较高。

根据新修改的区划，在 M1-5A 区内，只要艺术家居住的阁楼不超过 3600 平方英尺（约 334.5m^2）就是合法的，此外在 1970 年 9 月以前搬进超过 3600 平方英尺阁楼的艺术家也被视为合法的；尽管 M1-5B 区的艺术家住宅被禁止，但是所有在 1976 年 9 月以前搬入且不超过 3600 平方英尺的艺术家住所，只要获得特别许可，也可以长期留下。最终，两个区的艺术家住宅均被合法化了。

没有急于将工业用地改性有三个好处：①保留了传统社区附近的工业企业，从而延续了工人阶层的就业机会和生活保障，促进了城市中社会空间的融合；②通过在工业用地内合法化居住功能可以吸引创意阶层安心入驻，以及吸引政府和其他社会性的投资，持续改善区域的环境品质；③避免了推土机式的再开发，保留了工业建筑特有的风貌景观。而这存在的前提在于在强大的创意推动下自下而上的空间升级转型和弹性化的城市管理，以及包容性的城市氛围。

第一个好处在于让大家认识到了传统的或福特主义式的生产要素对当地文化创意产业的发展仍然至关重要。因为高质量的实体经济是文化创意产业的有力技术支撑，它吸引了大量高质量的工人，而工人所拥有的技术经验对设计师等创意阶层也是一笔重要的知识资源。反过来，文化创意产业的高度发展和融合也能带动当地制造业企业的升级，使其他产业部门从自我发展转向联动发展，形成设计—生产—销售的整体构架，三大环节相辅相成、互相促进、同步发展，提高经济活动的全要素生产率。

而第二个好处对于创意空间而言可能也是极大的坏处，虽然合法化后苏荷的创意空间急速扩张，例如，它的画廊数量从 1970 年时的 5 家发展到了 1979 年底的 100 多家；但是具有投资价值的合法居住空间也同时吸引了投机性行为，推高了空间价值，加速了苏荷“绅士化”的进程，从而产生了对于创意空间反向的排斥作用，即产生了所谓的“苏荷效应”（SoHo Effect）——“艺术家对工业区的更新吸引了资本、再投资和新的居民进入该地区，推高了房地产价值和租金，把这个社区变成了一个高端住宅和精英消费的圣地，但把艺术家排挤了出去”（Currid，2009）。因此，在1997年区划增加了混合使用区（mixed use districts）的类型，专门应对工业用地功能的非正式转换，有利于创意空间的培育。典型的例子有布鲁克林的格林帕恩（Greenpoint）—威廉斯堡（Williamsburg）和丹波（Dumbo），它们是纽约市50名雇员以下的小型创意企业（CSB）数量增速最快的地区，在2000 ~ 2012年间有超过3%的增速，远高于纽约核心区的其他地方（Lee，2017）。其中威廉斯堡是继苏荷之后纽约最具活力的新兴文化中心，拥有大量的书店、画廊、表演场所和餐厅，在行动计划区（proposed action area）内，创意人员从1990年的130人增长到2000年的1752人，增长率高达1248%（NYCDCP，2005）；今天的丹波80%的公司都属科技和创意行业，在仅仅0.13 km²的土地上约有700家科技公司，是纽约市文创产业集聚度最高的地方。在区划变更前，它们的创意空间基本都集中在工业用地上，但是随着人才的不断集聚和创意空间的扩张，原有的住宅和配套服务设施条件已经无法满足需要，因此原有区划亟待调整。在创意的导向下，混合使用区得以引入，创意空间没有被通常短视的地产开发所替代，不仅保持了两地用地混合的特征，而且进一步释放了创意活力。

以格林帕恩—威廉斯堡的区划变更（rezoning）为例。在2003年，纽约市规划局等部门完成了两地区划修改的环境影响报告（Environmental Impact Statement，简称EIS，于2005年通过最终版的修改），旨在促使未被充分利用的工业区转变为更加充满活力的混合社区（mixed-use community），提供急需的住房和公共空间。在此区划的“行动计划区”（即未来十年内建设项目根据区划真正实施的区域范围）内，现有的制造业区和特殊的混合用途区的性质将被改变以允许滨水区的住宅建设、高地的住宅和混合用地建设，以及将目前M3性质的某些用地转换为轻工业用途。

行动计划区的原区划以工业用地为主，但很多工业企业已经搬迁，建筑空置，或者有些工业建筑（阁楼等）被改造成住宅，形成如当年苏荷那样的混合社区。根据调研统计，现状仍在使用的工业用地占总用地（161.43hm^2）

的 30.74%，工业与住宅的混合用地占总用地的 10.55%，“非法”改造的住宅集中分布在 M1-2 和 M1-1 轻工业的用地中，在滨水的重工业 M3-1 用地中也有零星分布，主要原因在于轻工业厂房空间较小容易分隔利用，且环境污染小整治成本低。在区划变更中，规划者为了保持区域特色和创意氛围，尽可能地“维持混合现状”，一方面把弃用的重工业用地大部分转变为住宅和商业用地，增加住宅供给和商业活力；另一方面把已经混合使用的轻工业用地就地大部分转变为特殊混合使用用地（表 4.1，图 4.8、图 4.9）。

行动计划区的工业用地变更　　**表** 4.1

现状区划用地	区划变更后的用地	变更后的性质
M3-1 重工业	M1-2	轻工业（light manufacturing）
	M1-2/R6，M1-2/R6A，M1-2/R6B	特殊混合使用（special mixed use）
	R6，R8	住宅（residence）
	C2-4/R6，C2-4/R8	商住混合（commercial overlay）
M1-2 轻工业	R6B	住宅（residence）
	M1-2/R6A，M1-2/R6B，M1-2/R6	特殊混合使用（special mixed use）
M1-1 轻工业	R6，R6B，R6A	住宅（residence）
	C2-4/R6A	商住混合（commercial overlay）
	M1-2/R6A，M1-2/R6B，M1-2/R6	特殊混合使用（special mixed use）

来源：Greenpoint-Williamsburg Rezoning EIS，2005

按照一般的区划规定，办公、酒店和零售等功能允许分布在 M1（类似于我国的一类工业用地）中，混合用地则进一步认可了居住功能在 M1 用地内的合法性。它保持了多功能的混合现状，提供了在标准区划用地内更加多样灵活的职住结合场所，这十分迎合创意阶层的生活方式，并允许对混合社区进行投资和空间更新，有利于当地创意社区的发展。同时，混合用地虽然也为工业用地中的创意空间提供了合法性，但并未赋予如苏荷的工业阁楼那般充分的住宅产权。这一方面保障了艺术家等创意阶层租户基本的空间使用权，不会因为非法的居改非活动而被驱赶，另一方面也在一定程度上杜绝了艺术家阁楼流入房地产市场，以免投机行为引发价格快速上涨，让“绅士化”可控。

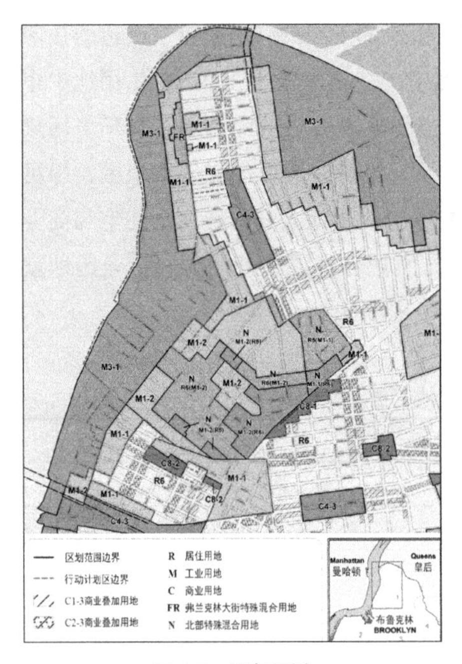

图 4.8　原有区划

（图片来源：Greenpoint-Williamsburg Rezoning EIS，2005）

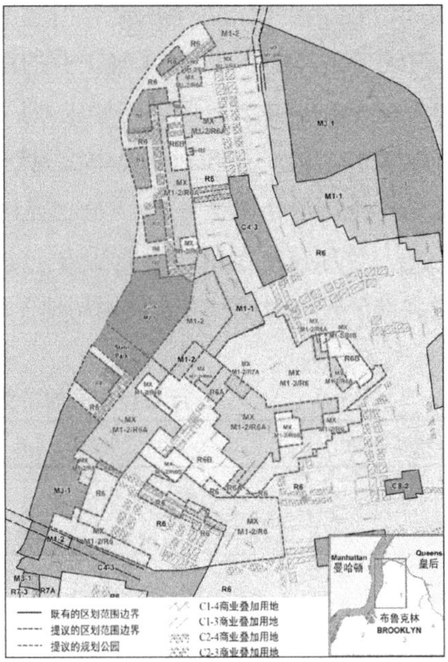

图 4.9　变更后的区划

（图片来源：Greenpoint-Williamsburg Rezoning EIS，2005）

从整个区域的用地结构来看，在保留部分工业区的同时开发未被充分利用的土地将保持两地邻里多样性的传统特征，同时允许对混合社区进行投资和空间更新，促进地区经济和就业的增长。

我国现行的《城市用地分类与规划建设用地标准》中互不兼容的用地分类标准和《中华人民共和国城镇国有土地使用权出让和转让暂行条例》规定的不同类型用地的使用权出让年限的差异导致了城市中实质性的土地混合使用难度非常大。反观上海，内环线内 120km² 的用地范围内以单一的居住和商业用地为主，相互混合的方式也仅仅局限于居民楼下开底商或社区里建配套服务设施等，很难形成良性的互动。又由于城市更新服务于土地财政的思路，城市中的工业用地被快速地转性并以招拍挂的方式出售以谋取地产投资的高额利润，老上海多样性的用地状态不复存在，这为创意空间在市中心进一步地扩展增加了难度。

新版《上海市控制性详细规划设计准则》（2016 年修订版）为土地的混合使用提供了一定的法律支持。根据其中的定义，混合用地是指“一个地块内有两类或两类以上使用性质的建筑，且每类性质的地上建筑面积占地上总建筑面积的比例均大于 10% 的用地”，并给出了类似于纽约用途组混合表的用地混合引导表，有一定的参考价值，但较为保守，没有触及城市居住用地与工业用地的矛盾。这里混合用地的含义与上述纽约区划中混合使用区的含义不同，混合使用区强调了居住功能在工业用地中的存在以及与其他非居住功能的混合（如 M1-2/R6），以促进投资，为新的混合社区提供更多的就业机会，增加地区活力。

在此，笔者建议对于有特殊创意导向需求的城市更新地块可以跳出现有的城市用地分类，变更现有的控制性详细规划，用地性质转变为类似于纽约的特殊混合使用用地，或新加坡的“白地用地”以及香港的“综合发展区”。经济技术指标可以由设计反推，同时根据创意型的主导产业和主体功能的不同确定不同的比例，且以总量和体量控制为主，具体的指标分配和空间形态不做过多干预，并采用职住混合度与均衡度指标衡量，为未来发展留有余地的同时增强城市更新的科学性。当然，自由裁量权的增加必然会增大城市管理者的工作难度和提高对相关法律体系完善程度的要求，否则很容易造成权力寻租和腐败现象。更进一步，国家或可考虑更改现行的国有土地使用权出让年限和完善年限到期后的处置办法，由管控转向引导。

4.2.3.2　完善路网密度和慢行交通系统

高密度、便捷、可达性强的交通系统决定了不同用地和不同功能之间的高效联系，促进了创意快速传播。因此创意为导向的城市更新不仅仅局限于创意空间的生产，还包括通过更新现有的城市基础设施来加强创意空间之间的联系和可达性，促进整个日常行为路径和产业衔接的效率和平稳度的提升。

由于历史原因，“老上海”的路网密度存在一个理想的状态，但由于近二十年来以土地财政为导向的地产开发造成了无数尺度巨大的超级街区和巨构建筑，它们虽然有着极高的容积率，但是与之相适应的城市高架系统、大马路、停车场、宽退界等一系列的空间措施却消解了整个区域的空间联系和使用效率。例如，上海浦东陆家嘴虽然有着超高的开发强度，但是以机动车为导向且形式主义的设计造成了“过境交通与对外交通主通道重叠；核心区域对外交通联系不畅；越江交通流量分布不均；步行交通环境亟待改善”（交通研究中心，2012）等交通问题。上百米的道路红线和建筑间距大幅提高了区域内部绿色出行的成本，公共空间让位于孤立的绿化隔离带，自行车甚至无法进入陆家嘴的CBD区域。而同样作为金融中心的纽约曼哈顿下城，高密度的路网和宜人尺度的道路创造了充满活力、安全和适宜步行的城市肌理。它的道路交叉口间距一般不超过100m，人们的目的地往往就在步行范围之内，而且紧邻正交的交叉口使得行人能够轻松改变和确定方向。多样化的街道界面在保持整体连贯性的前提下偶有小型绿地、广场等公共空间打断，适宜行人驻足和相互交流。不同等级的道路连通性又确保了下城与其他区域的高效联系。从整体上看，低效的路网和绿色交通系统的组织削弱了陆家嘴创意空间与外界和内部的空间联系，而高密度的路网则增强了曼哈顿下城的创意活力（图4.10）。

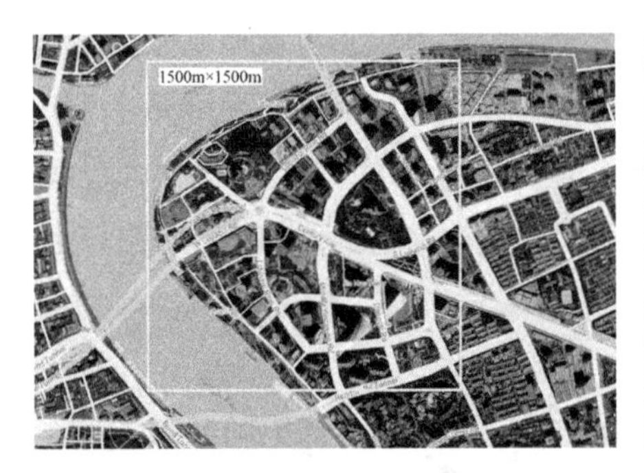

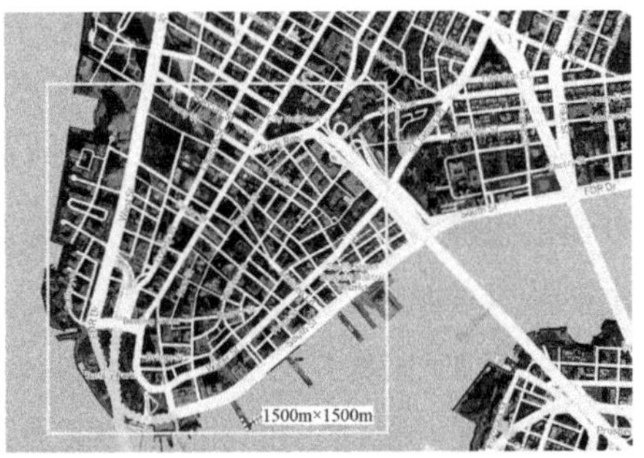

图4.10　浦东陆家嘴（左）和曼哈顿下城（右）的路网密度比较

按照生态城市单元的规划设计思路，增加路网密度、打造宜人的慢行交通系统有助于实现居民近距离出行采用步行和自行车交通，远距离出行使用公共交通的绿色交通模式。这一方面要求更改中国大城市，特别是上海这样超大城市的规划和建筑规范，以提升街道的空间品质和土地使用效率为目的，放宽对于退界、间距、日照、道路转弯半径等的要求，采用更加灵活细化的分区控制模式。另一方面，从城市更新集约型再开发的角度，我们可以将超级街区分为更小的地块并叠加绿色交通系统，盘活建筑孤岛，引导城市的发展由向外扩张转为向内增加强度，促进短途的可达性和相互作用、经济结构的多样化，并减少城市的环境负荷（World Bank，2014）。例如，上海市杨浦区市政工程管理署在原有道路的基础上叠加了一条长约 1.8km，连接同济大学后门国康路—中山北二路—密云路—政修路—国权路—邯郸路复旦大学的自行车专用道，使得两校互通的时间缩短到了 10min，加强了环同济知识经济圈内部的交通联系。这种交通系统的更新模式可以在整个五角场“中央智区”推广，打造系统性的慢行交通网络。

4.2.3.3　增加中心城区集体消费要素的供给

根据第 1 章对卡斯特城市理论的论述，集体消费要素包含住房、学校和社会文化设施等公共消费品，它们主要通过政府的公共财政支出而非私人资本的直接投资来生产，它区别于市场化的消费模式，同时又保持着公私合作的机制。马克思的理论强调对生产资料的不平等占有所导致的阶级分化，这里则强调了由住宅、教育、福利等城市集体消费项目的供给不足所导致的大众消费群体内部的分化和社会不平等。从 CPS 理论框架的角度，对福利性集体消费品的有效供给是赋权弱势群体的直接手段，通过给予空间权保证了城市文化群体的多样共存。正如亚里士多德所认为的，“城邦的本质就是许多分子的集合……城邦不仅是许多人的（数量的）组合；组织在它里面的许多人又该是不同的品类，完全类似的人们是组织不成一个城邦的”（亚里士多德，1965）。他对于理想城邦的构想是基于品类相异的人们之间互相补益、互相提升，反对整齐划一的趋向。这就要求不同的文化共同体在城市空间上的临近、混合和公共空间的合理分布，对集体消费品相对均等地共享，以及存在公平正义的权力机制的导向、保护和约束。

1）公租房

集体消费要素中的社会保障性住宅（包括经济适用房、定向安置房、政策性租赁房等）是惠及当地社区居民的一揽子计划，是提高社会融合度的有效手段；较高的社会融合度不仅是发挥创意潜能的前提，也是顺利推进城市更新的手段和目标。廉租房和公共租赁房（两者统称公租房）是上海现行的两种政策性租赁房形式。廉租房是指政府以租金补贴或实物配租的方式，向符合城镇居民最低生活保障标准且住房困难的家庭提供社会保障性质的住房；公租房是指政府投资或政府提供政策支持的其他投资主体，通过限定户型面积、供应对象和租金标准，面向无房的大学毕业生、引进人才和其他住房困难群体出租的住房。

本节主要关注于公租房的空间生产和它与创意产业区在宏观层面上的整合。根据第 2 章斯科特教授的观点，能为创意工作者提供合适的住房和基础设施服务的居住邻里是城市创意领域的重要组成部分。创新阶层中的新就业职工等“夹心层”群体的收入水平客观上需要上海市政府将普通住宅市场价格维持在较低的水平上，但是土地财政推动下的过高市场房价已经成为上海市吸引创新人才的重大障碍（顾书桂，2014）；同时，年轻创意阶层较强的流动性造成了中短期租赁用房更符合他们的客观住房需求，方便了日常生活并减轻了买房所带来的成本和压力；因此，只有大力增加中心城区公租房的供给以及相应的商业服务和文化配套设施才能保障创意阶层的空间权利和城市的创意活力。

上海自 2010 年起实施了旨在解决青年职工、引进人才、来沪务工人员等常住人口阶段性住房困难的公共租赁住房制度。截至 2017 年 10 月底，上海公共租赁住房累计筹措房源超过 15 万套，其中已供应房源 11.5 万套，受益人群超过 20 万（宝山区发改委）。但是根据第六次人口普查的数据推算，25 ~ 34 岁在沪工作的大专以上文化程度的人口（常住人口加外来人口）至少为 400 万人，现有的供应量根本满足不了对公租房的巨大需求。

目前正在运营的公租房分为市筹和区筹两个部分，把它们的分布位置和供应强度示意图与上海创意产业集群的分布图相叠加，笔者发现目前供应强度大（2 万 m^2 以上）的公租房项目皆分布在内环线之外，其中市筹项目馨宁公寓、晶华坊和区筹项目新泾北苑人才公寓、剑河家苑人才公寓分布在外环线附近；仅有一半数量的公租房项目与创意产业集群有着较为临近的空间关系，其他的项目距产业集群较远，很难形成积极的互动效应。上海的创意产业在中心城区特别是内环线内及其周边地区高度集聚，但就目前的公租房供给来说并未有效解决产业区和公共社区的职住平衡问题。根据最新的上海市总体规划，主城区的产业基地和与之配套的产业社区的布局依然遵循向城外分散且相对集中布局的思路，多分布于主城区的边缘甚至外环线之外。

反观城区土地资源比上海还要稀少的纽约市，它的福利住房在市中心地区的分布却相当广泛，与城市中心地带的创意产业集群产生了极强的互动整合关系。纽约的福利住房或包容性住房计划（Inclusionary Housing Program，简称 IHP）由两部分组成，一是 1987 年开始实施的自愿性福利住房（Voluntary Inclusionary Housing，简称 VIH），据此开发商可以通过建设、修复或保护福利住房而获得密度奖励；二是 2016 年开始实施的强制性福利住房（Mandatory Inclusionary Housing，简称 MIH），它要求社区或开发商由于区划变更而在中高密度区域新建住房时必须提供一定比例的福利住房。VIH 项目大量且成片地分布在纽约的中心地带，包括曼哈顿的中城、上城以及布鲁克林高地、北布鲁克林等，且基本都位于地铁沿线，方便低成本出行；MIH 项目由于实施时间晚，目前主要分布在北部的哈林和布朗克斯一带（图 4.11）。这一空间现象不仅由区划决定，其背后还有着一系列的政策和公私合作等权力机制的支撑（在下一章详细论述），对上海特别具有借鉴意义。

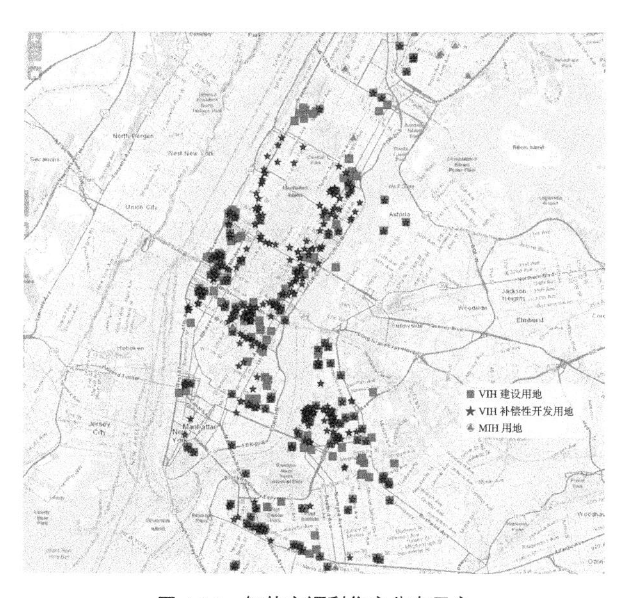

图 4.11　纽约市福利住房分布示意

（图片来源：纽约市房屋保护和开发局，缩写为 NYCHPD）

从空间的角度分析,公租房的供给主要有新建、改建、配建、转化、收储(代理经租)等方式。对于内环外的产业园区,目前主要是通过新建集中式的公租房小区,并尝试代理经租居民的存量用房为创意人才解决住房问题。内环线内的熟地资源稀缺,因此需要通过城市更新的方式有效地利用中心城区的存量土地,更新既有建筑(如"城中厂"、老街区、空置的办公楼),植入新建筑,把居住功能的公租房与创意办公、配套商业、社区文化设施等进行整合,打造与周边街区融合的创意社区,形成创意产业区、创意社区和创意阶层的良性互动。

党的十九大报告指出要"加快建立多主体供给、多渠道保障、租购并举的住房制度"。然而对于规模庞大的全球城市而言,为大批中低收入阶层提供相对充足、优质且廉价的居住空间从来都不是一件容易的事。2017年,纽约有8.7万居民去竞争104户位于布鲁克林威廉斯堡水岸旁的保障房(Plitt,2017)。对于在中心城区入住有着强烈期望的创意阶层而言同样如此,2014年纽约有5.3万艺术家去竞争89户曼哈顿东哈林的艺术家保障房(Cascone,2014)。

2)社会文化设施

根据上海市文化事业管理处的研究成果(上海市文化事业管理处,2015),目前上海市的文化设施在总量上已经能初步达到国际文化大都市的水平,但在人均指标上却存在着较大的差距,同时与《上海市城市总体规划(2017—2035年)》对于文化设施建设的人均指标规定("至2035年,每10万人拥有的各类博物馆不少于1.5个、图书馆不少于4个、演出场馆不少于2.5个,美术馆或画廊不少于6个")差距太大(表4.2)。不仅如此,在运营水平、特色、吸引力等方面也有较大的提升空间;文化设施布局没有与公共社区实现空间上的整合,就图书馆而言,"纽约图书馆辐射半径为1344m,伦敦为1145m,东京为950m,巴黎仅为600m,上海服务半径为2750m,正常步行约需41min、车程约7min";更没有形成类似于纽约百老汇、伦敦西区这样世界级的文化集聚区。同时,"上海现状文化设施总体布局分散,在空间上与基本商务区、公共中心区的联系较弱,关联性、互动性不强"(郭淳彬,2012)。

国际文化大都市的文化设施的对比指标（2013 年） **表 4.2**

指标名称		纽约	伦敦	巴黎	东京	上海
人口数量（万人）		842	840	1060	1323	2415
每 10 万人拥有的文化设施数(个)	博物馆	1.6	2.1	1.3	0.4	0.5
	美术馆（含画廊）	8.6	10.2	9.9	5.2	0.9
	图书馆	2.6	4.6	7.8	2.8	1.1
	剧场	5.0	2.5	3.3	1.7	0.4

来源：笔者根据《“十三五”时期上海文化设施建设的初步思考》中的数据绘制

目前，上海市的文化设施主要以新建为主，但是近年来已经有越来越多的文化设施通过改扩建的方式得以实现，如从南市发电厂改造而来的上海当代艺术博物馆（2012 年）、从上海轻工玻璃公司的窑炉车间改造而来的上海玻璃博物馆（2011 年）、从老白渡煤仓改造而来的艺仓美术馆（2016 年）。因此，在未来的上海创意型城市更新中，一方面通过争取存量转化和局部拆除新建的方式继续增加文化设施的总量供给以满足合理的人均指标（具体指标仍待进一步的科学测算）；另一方面需要在“打造 15 分钟社区生活圈”的基础上，优化文化设施的布局，形成文化设施“市级—区级—社区级”的空间网络，实现文化设施与城区商圈、产业区、公共社区的深度整合、互动。

4.3 专项研究——以杨浦区为例

由于高校、科研院所和产业区的密集分布，上海年轻的创意阶层往往在北部的杨浦区和南部的徐汇区发生高强度的集聚。

同济大学张尚武教授的团队首次系统性地从城市更新的角度研究上海杨浦“知识创新区”的建设策略，认为杨浦区虽然有着深厚的人文积淀和丰富的创新资源，但也面临着“基础性资源条件的约束、空间上尚未形成整体支撑关系和旧区改造矛盾突出”等问题，并提出了若干城市更新的战略原则和空间策略（张尚武 等，2016）。解决创意空间的选址、供给、联系等问题的前述方法主要是从物质空间的角度进行切入。笔者在第一章就明确了社会空间的内涵，群体的文化偏好和权力地位首先决定了他们的空间分布，所形成的空间关系又不断地强化他们的文化和权力关系。因此，若要从根本上解决与某群体密切相关的创意空间的问题，则需要分析它在一定空间范围内现有的文化和权力关系，其中，权力主体的政治经济条件是分析的重点。本节笔者通过分析杨浦区年轻创意阶层的政治经济条件和空间（行为）偏好，得出与创意阶层相关的社会空间现状，最终结合现有的专项规划和政策给出与创意型城市更新相关的改进意见。

具体而言，在杨浦区层面（包括街道、镇），利用杨浦区第六次人口普查的数据研究 25 ~ 29 岁、30 ~ 34 岁本科及以上学历的常住 / 户籍人口（以下简称 A 人口）与权力因素 / 参数（行业结构、职业结构、家庭规模、婚姻状况以及 65 岁以上的老年人居住分布）的关联度 / 相关性，和空间因素 / 参数（家庭户居住面积、住房建成时间、家庭户住房设施、人口流动性）之间的关联度 / 相关性，通过打分和 GIS 地图等数据分析得出杨浦区 12 个街道、镇的：① A 人口从事行业和职业结构的综合得分；② A 人口的婚姻状况和家庭规模的综合得分；③ A 人口的居住条件（家庭户住房设施、家庭户居住面积、住房建成时间）的综合得分；④ A 人口的流动性综合得分；⑤各项总得分；⑥ A 人口与 65 岁以上老年人口的分异度。以此来考察 A 人口的社会空间现状（数据截至 2010 年 11 月 1 日）。

4.3.1 创意人口（A 人口）数量与各因素之间的相关性分析

人口普查所提供的信息并不能涵盖所有研究所需要的数据，《普查表长表》虽然比通常官方公开发布的短表信息更全面，但有些相关性的数据仍需要用统计学的方法进行推算。如普查资料分别给出了杨浦区各街道、镇的大学本科及以上学历的就业人口数量分布和全区 25 ~ 34 岁所有学历的就业人口数量分布（共 25 万人和 56.5 万人），但没有直接给出 A 人口在各街道、镇的数量分布。类似的情况还有很多，笔者在此不再一一举例，而是主要把篇幅集中于逻辑步骤的阐释和对结果的分析。本小节通过分析 A 人口数量与各因素之间的相关性，为随后的打分工作奠定前提的合理性。数据处理过程如下：

对所有指标进行归一化，设各街道 A 人口数为 A_i，$A_i'=A_i / \sum_1^{12}A$，A_i' 为归一化后数值，$\sum_1^{12}A$ 为各街道 A 人口数总和。其他指标均按此进行归一化。

图 4.12 显示，A 人口越多，从事一、二、三和四职业的人越多，相关性较为显著，特别是与“二、专业技术人员”的相关性最高。从事五和六的人数总量也随着 A 人口增加而增加，但增加不显著。从总体相关性看，A 人口与第三产业相关性更高。

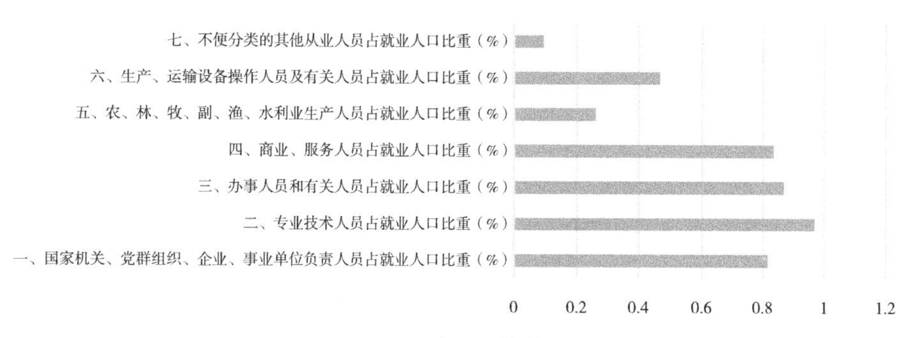

图 4.12　A 人口与职业结构的相关性

按照相同的分析方法可知：A 人口与信息传输、计算机服务和软件业从业人数相关性最大。A 人口数量越多，该区各类家庭占全区比重越大。与家庭户平均每户人口相关性低、不明显。A 人口与婚姻状况数据相关性较高。A 人口为适婚适生育阶段，因此相关性高于 0.9，符合实际；A 人口与丧偶、离婚人口相关性不显著；与有配偶人口比重和未婚人口比重相关性均高于 0.8，此相关性事实依据在于 A 人口越多，有配偶人数越多，同时未婚人口也多，趋势变化是合理的。各街道、镇的 A 人口越多，各类人均居住面积的房屋户数占总户数比重越多。A 人口更倾向于居住在 1999 年以后建成的房屋。A 人口越多的街道，老房屋相对较少。A 人口与各项人口流动性指标相关性不是非常显著，A 人口的稳定有利于创意社区较强的文化认同感和空间情境的营造，但是从负相关的指标中笔者推测：受制于户籍制度和生活成本等原因，杨浦区的 A 人口以上海原住民为主，近年外省市的年轻创意阶层向杨浦区迁入的数量较少，难度较大。

图 4.13 显示，杨浦区的 A 人口与老龄人口总体上呈现负相关和空间分异的态势，A 人口越多老年人越少，反之亦然。其中，延吉新村街道和长白新

村街道的老龄化问题最为严重。

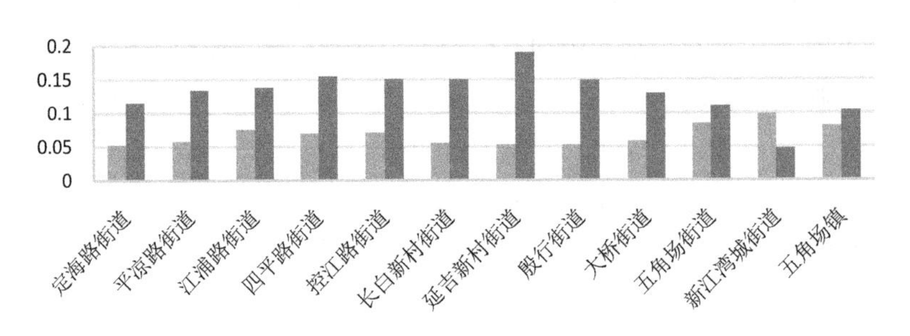

图 4.13　A 人口数量和 65 岁以上人口数占全区总人数的比例对比

由上可得总体评价：

统计数据显示出了 A 人口对于第三产业较强的相关性，其中对创新性较强的信息传输、计算机服务和软件业的偏向性最高；普遍处于适婚适生育阶段的 A 人口对于独立空间和新住房的需求体现了他们对于城市更新的内在需求。杨浦区严重的老龄化和大量现存的老公房社区、工业建筑既是创新型城市更新的宝贵资源和机遇，也是巨大的挑战。

4.3.2　各因素在杨浦区各街道、镇的得分分析

在对数据进行归一化以及确定各因素 / 参数与 A 人口之间的相关性后，可通过打分法计算各街道城市更新和创意城市总分数。

进行打分时，仍需采用归一化后的数据，以相关性系数为系数，系数乘以各指标值，得到的分数进行求和，得到最终分数。该方法的优点在于充分利用了 A 人口数据与其他指标之间的相关性，避开了人为打分法的主观因素。

打分为两步：

第一步，对每一类（共 8 类，包括行业结构、职业结构、家庭规模、婚姻状况、人口流动性、家庭户居住面积、住房建成时间和家庭户住房设施）因素进行加权计分：$S_i = \alpha_{i,j} A'_{i,j}$，其中 i 为 1 至 8 类因素，j 为每一类因素内包含的指标（例如住房建成时间有 7 个指标），$\alpha_{i,j}$ 为权重因子（即相关性系数），$A'_{i,j}$ 为归一

化后的因素值，S_i 为该类因素总分。第二步，对 8 类因素求和，得到每个街道的总得分。

4.3.2.1　各项权力因素总得分

这里的权力因素主要涉及 A 人口的行业、职业状况、婚姻状况和家庭规模四项得分。

从各街道、镇在行业结构因素得分上看，五角场镇得分最高，五角场街道和殷行街道次之，大桥街道的得分也相对较高，新江湾街道和长白新村街道得分最低（图 4.14）。从职业结构的角度看，得分前三甲仍为五角场镇、殷行街道和五角场街道，但其得分差距在缩小；长白新村和新江湾城街道得分仍是最低的两个街道，但是环同济知识经济圈核心区所在的四平路街道和大连路总部研发集聚区所在的平凉路街道的得分仅位于长白新村街道之前（图 4.15）。总体上说明了从行业结构和职业结构的角度，五角场镇、五角场街道和殷行街道的 A 人口在目标（创意型城市更新）上具有更大的可能性，新江湾街道和长白新村街道的条件较为欠缺。

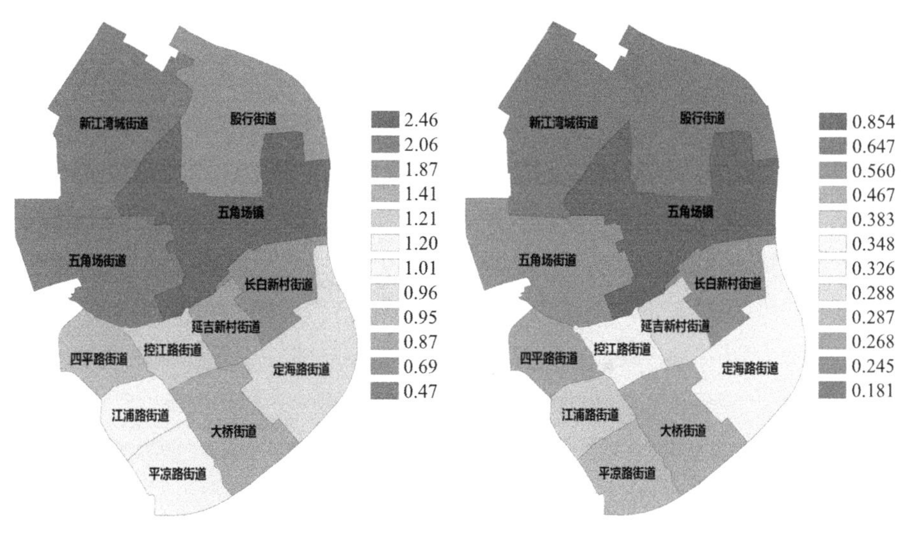

图 4.14　杨浦区各街道、镇 A 人口行业结构综合得分

图 4.15　杨浦区各街道、镇 A 人口职业结构综合得分

从各街道婚姻状况和家庭规模可看出，A 人口更倾向于在殷行街道、五角场镇和五角场街道安家生子，大桥街道和控江街道次之，在总体上呈现 T 形的分布态势。新江湾城街道得分非常低，特别是婚姻状况得分较其他街道低了近一个数量级；长白新村街道位列倒数第二，但情况也要远好于新江湾城街道。

总体而言，从事创意产业的 A 人口更倾向于在五角场街道、五角场镇和殷行街道一带，以及南部的大桥街道长期居住、集聚，新江湾城街道和长白新村街道对 A 人口的吸引力较为欠缺。

4.3.2.2　各项空间因素总得分

这里的空间因素主要涉及 A 人口的住房建成时间、人口流动性、家庭户住房设施、家庭户居住面积四项得分。

从住房建成时间角度来看，五角场、殷行街道和五角场街道的新建住房较多，处于第一梯队；江浦路、大桥和新江湾城街道处于第二梯队。得分最低的为延吉新村街道，其次为平凉路和定海路街道（图 4.16）。

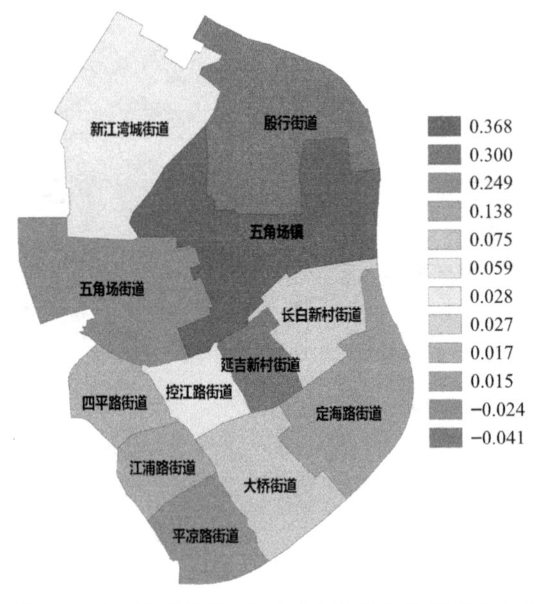

图 4.16　杨浦区各街道、镇 A 人口住房建成时间综合得分

从人口流动性因素来看，各街道得分趋势明显与前七类因素不同，得分越高表示 A 人口流动性越小。殷行街道得分最高，为 –0.027，延吉新村、控江路、四平路、江浦路街道超过在前几类因素得分较高的五角场镇和五角场街道，长白新村和新江湾城街道得分最低，且与排在之前的定海路和平凉路街道得分差距较大，说明长白新村和新江湾城街道的 A 人口的流动性很大（图 4.17）。

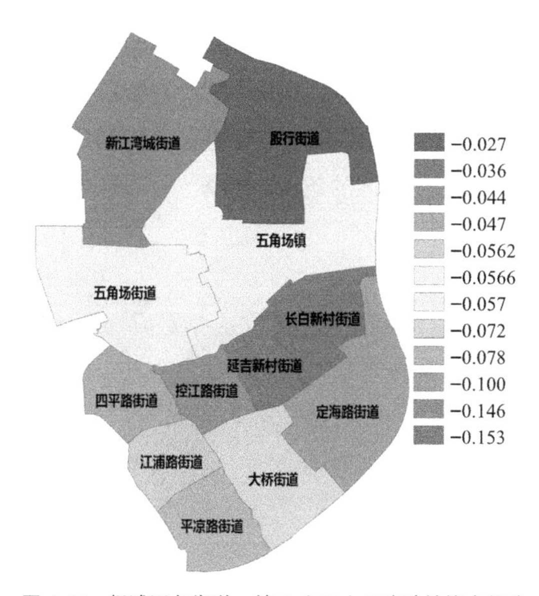

图 4.17　杨浦区各街道、镇 A 人口人口流动性综合得分

从各街道家庭户住房设施来看，殷行街道和五角场镇最高，得分较为接近，属于第一梯队；五角场街道和大桥街道为第二梯队；除新江湾城街道得分较低外，其他街道的得分较为接近。从家庭户居住面积来看，五角场镇得分最高，且高于第二名约 25%，优势明显，殷行街道和五角场街道得分较为接近；大桥街道、控江路街道和江浦路街道较为接近；定海路、四平路、平凉路街道和延吉新村街道差异不大；长白新村和新江湾城街道仍属于得分最低的两个街道。这里需要特别注意新江湾城街道的情况，它原本是一块湿地，号称上海东北角的“绿肺”，随着 2001 年以后此地的城市规划和地产热的推动，

建设项目和人口才开始导入，在2010年之前建成的住宅项目并不多，街道人口也只有2.7万人，远低于规划人口8.5万人的目标。以高端封闭社区为主的地产开发让A人口的导入十分困难，这也是利用2010年的第六次全国人口普查数据计算出的A人口家庭户住房设施和居住面积得分很低的主要原因。

图4.18为综合八类因素，每个街道、镇的总得分。五角场镇、殷行街道和五角场镇街道的得分最高，处于第一梯队，这两个梯队的A人口具有较高的空间权，因此具备较好的创意文化发展基础和条件。大桥和控江路街道得分较高，处于第二梯队，与第一梯队形成了T形的空间结构。江浦路街道、四平路街道、平凉路街道和定海路街道处于第三梯队。长白新村和新江湾城街道为得分最低的两个街道，除了在住房建成时间具备一定的条件，从其他因素来看均不具备发展创意社区的条件与优势。

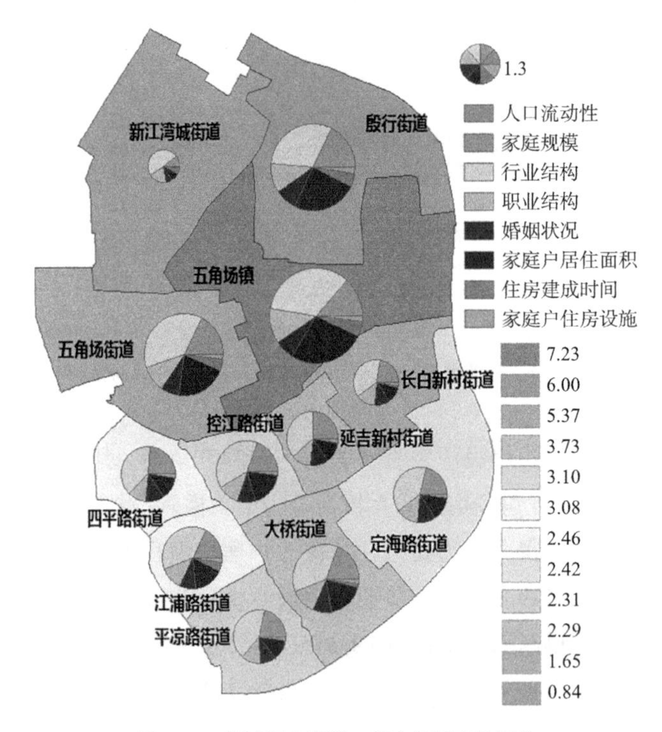

图4.18　杨浦区各街道、镇空间因素总得分

4.3.3　以创意人口为导向创意集群和创意社区的联动分布

根据《杨浦国家创新型试点城区发展规划纲要》（2010 年，以下简称《纲要》）中对“五大功能区”（五角场城市副中心、新江湾城创新基地、环同济知识经济圈、大连路总部研发集聚区和滨江现代服务业发展带）的规划和建设部署，目前和未来杨浦区的创意集群发展主要集中在西部发展带和滨江发展带，基本形成一个围绕区划范围的产业环。《纲要》按照“三区联动”和“空间网络”的布局构想，把杨浦区划分为 3 个层级 10 大功能板块：校区、园区、社区三项要素齐全的一级联动区 3 个，三项要素中两项齐全的二级联动区 8 个，三项要素中一项成熟的三级联动区 8 个。其中，一级联动区承担辐射和引领任务，二级联动区承担支撑和带动任务，三级联动区承担补充和协作任务。并据此空间构想进行了创新型试点城区的规划，按照规划，未来杨浦区的创意集群和创意社区联动发展的区域将会分布在 3 个层级的联动区内。

从本书所依据的元创新体系理论和创意社区理论的角度评价，此创新型试点城区规划的总体思路基本符合笔者所倡导的创意空间发展模式，但是笔者对两个方面持有保留态度。一是规划基本避开了老式公房住区，或者忽略了它创意更新的潜力。老式公房虽然居住条件有待改进，但是它的租金低、周边服务设施完善，对于年轻的创意阶层而言起到了保障房的作用，例如得分较高的殷行街道就有更新为创意社区的人力资源潜力，但是规划并未将其既有居住区纳入联动区的范围。

二是规划最终实现的可能性与现有的发展模式相矛盾。规划把还在发展初期的滨江现代服务业发展带几乎全部纳入了联动区，除了军工路东侧的上海理工大学所在的一级联动区较为成熟以外，其他的建设用地基本都是工业用地，城市更新刚刚起步。规划落实的关键在于滨江的创意集群与位于其内侧的社区之间的充分融合，而年轻创意阶层的引入是重中之重。虽然根据综合得分情况，若不考虑未来中产阶级化的替代效应，杨浦滨江北段的创意条件要优于南段，但是南段杨树浦路北侧更多的由大量棚户简屋、二级旧里组成的可再开发用地让它的联动区建设具有更大的发挥空间。根据规划，杨浦滨江南段正在加快环境基础设施建设和环境综合整治，沿江的公共空间和创意集群建设也在积极开展。2020年3月，位于南段杨树浦路—隆昌路—海州路—贵阳路范围内，占地约11万m^2的定海129、130街坊旧区改造项目正式启动，将开发成为集高端商业、总部经济、文化休闲、住宅等功能于一体的混合街区。这是自上而下城市更新必然带来的“绅士化”结果，也是一种创意空间快速生产的常见模式。同时，若加强该地区的人才公寓和其他一系列的保障房供应，杨浦滨江南段应该会成为杨浦区乃至上海市的一块创意高地。

4.3.4 对杨浦区创意型城市更新的相关建议

上海杨浦区委、区政府2003年在论证杨浦知识创新区建设方案的过程中提出了大学校区、科技园区、公共社区“三区融合，联动发展”的理念。通过对环同济知识经济圈的分析可知，在构建区域创新主体之间的利益共享机制初期，地方政府起着协调各方利益，推进“三区联动”的主导作用，但是产业在高校周边最初的集聚是完全依靠市场自发形成的。而在区域创新文化逐渐产生、蔓延，各利益团体逐渐在市场中自发进行空间布局、推动城市更新时，大学作为最重要的知识空间和创新空间则变为了“三区联动”的龙头，为科技园区提供源源不断的智力支持；科技园区是高校与城区联动的桥梁、融合的平台，是大学师生和城区市民创新创业的场所；公共社区是大学和科技园区发展的保障，不仅为校区和园区提供公共服务，为创新人才创造一个适宜居住、休闲、交流的环境，也是创意阶层发挥才智、回馈社会的场所。

但是，相较于大学校区与科技园区之间的融合所取得的显著成就而言（最典型的例子就是环同济知识经济圈），创意文化在杨浦区的公共社区建设中并没有发挥相对等的作用。经过笔者的走访调研，大多数的居住社区与创意社区的定义还相差较远，社区内空间功能和居住阶层的多元混合程度还远未达标，空间极化现象在宏观上依然较为明显，可以说目前只是做到了“两区联动”。同时，杨浦区的公共文化设施、博物馆、美术馆、影剧院等创意文化空间的数量在整体上远低于中心城区的其他各区，重要的创意文化活动在杨浦区基本找不到踪迹。时任杨浦区区长的诸葛宇杰说，打造上海“设计之都”核心区，杨浦区做到了“三个舍得”：舍得腾出最好的土地支持大学就近就地拓展；

舍得把商业和地产项目让出来建设大学科技园区；舍得投入人力、物力、财力，整治和美化大学周边环境。这里，笔者认为应该再加上一个“舍得”，即舍得为创意阶层创造优质、便利、便宜的公共社区和创意文化设施。

4.3.4.1　创意空间的关系调整

根据前述分析，杨浦区现已成熟的创意集群主要集中在西侧新江湾城—五角场镇街道—四平路街道—江浦路街道—平凉路街道一带，滨江锈带的南段即将开发，滨江北段和中段复兴岛地区的开发尚需时日。而根据杨浦区各街道、镇的总得分情况，东西向的五角场街道—五角场镇—殷行街道和南北向的控江路街道—大桥街道构成了年轻创意阶层高聚集的 T 形带。南北向的四平路街道—江浦路街道虽然有大量高质量的创意集群分布，但创意阶层的集聚度不高，因此未来杨浦创意社区的建设应当沿 T 形带由北向南、由中间向两边拓展，加速创意空间的建设和年轻创意阶层的导入；在滨江工业用地进行创意型城市更新的同时，创意集群由外环向环内渗透联通，加强创意空间的联动效应。同时要打破各街道、镇以及各个高校之间的权力壁垒，形成目标一致、相互协作的共识空间。

4.3.4.2　优化交通和公共空间系统

以邯郸路—黄兴路构成的 T 形道路骨架为基础，增加周围路网的连接密度和通达性。加强市政公共交通（轨道交通、地面常规公交、有轨电车、轮渡等）和慢行交通系统与滨水慢行通道、公共空间的有效衔接，提高滨水区的可达性，同时形成联动区之间的慢行交通网络。增加轨道交通十号线和八号线之间的横向联系，方便市民远距离出行。

在杨浦滨江南段 5.5km 贯通工程的设计和实施中，原作设计工作室通过构建多层次的开放慢行系统和公共空间节点、更新改造沿岸的工业遗存等手段。一方面将封闭的生产岸线转变成为开放的生活岸线，还江于民，优化了区域的交通和公共空间系统；另一方面保留了“工业杨浦”的历史记忆，形成了具有后工业特色的滨江场所。在系统性的贯通方案中，设计师在连通滨江“断点”的基础上，通过梳理沿岸工业遗存，设置相互交织的慢跑道、骑行道和漫步道，以及打造连续的生态景观带，构建了复合化的滨江交通和体验系统（图 4.19 ~图 4.21）。

图 4.19 相互交织的慢跑道、骑行道和漫步道
（图片来源：原作设计工作室）

图 4.20 同水厂建筑相结合的漫步道
（图片来源：原作设计工作室）

图 4.21 慢跑道和骑行道
（图片来源：原作设计工作室）

在区段规划层面，设计师通过交替布置文化演艺中心、工业博览中心等创意型更新地块和开放的滨水活动带，形成 9 个富有特色的更新地段（图 4.22）。在公共空间的节点设计层面，设计师依据前述的区段规划选择 18 个具有再利用价值的工业遗存进行改造，设计并实施了“绿之丘”等一系列开放性的市民项目。

4.3.4.3 加快既有建筑升级和租赁住房的供给

杨浦创意集群外环的内部存在大量的老式公房 / 工人新村和工厂，它们是创意社区更新的机遇，也是挑战，只有通过有利于吸引年轻创意阶层的高容积率租赁住房 / 保障房的植入和一系列空间的创意升级，环内外创意空间的联动机制才能实现。虽然有些靠近高校和创意产业区的老公房可以随着年轻创意阶层的不断涌入而保持一定的活力，如同济新村，但是杨浦区大部分

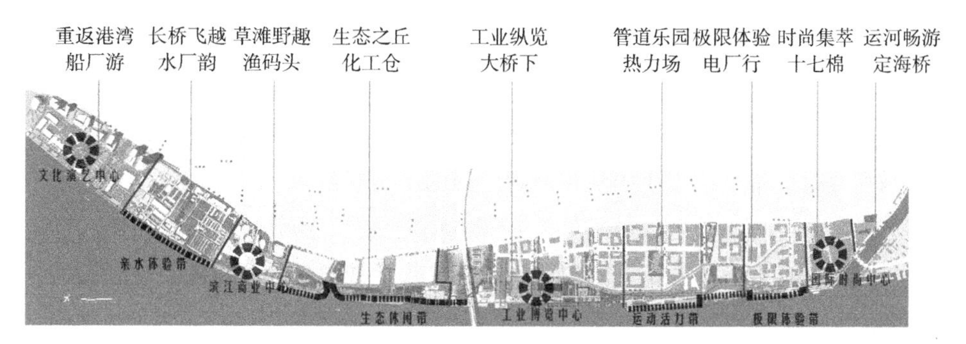

图 4.22　相互交错的 9 个特色更新地段

（图片来源：原作设计工作室）

的老公房普遍面临着严重老龄化的问题。通过第六次全国人口普查数据可知，延吉新村街道和长白新村街道的老龄化问题最为严重，通过将老公房更新改造和植入租赁住房，可以缓解该问题。

4.4　中微观层面：从单一封闭的创意产业园到多元开放的创意社区

本书“创意社区”概念的提出是针对创新的物理阻碍和社会阻力在中观层面的缓解而提出的。有学者把创意产业园区及其周边的住区（居民）作为创意社区的研究对象，提出针对创意产业园区的“多元的居住空间，共享的服务设施和公共开放空间，互动的规划过程”三个层级的规划原则（王兰 等，2016）。但根据相关的理论和现状研究，笔者认为上海创意社区的研究应当跳出创意产业园区所形成的研究核心，而把研究范围扩大至通常意义上的社区。理由如下：①根据上海社科院创意产业研究中心 2013 年的调研而得出结论，“上海市中心的园区在空间上已经很难有大规模的扩张以满足企业成长的需求，而园区数量也逐渐接近饱和”（郑耀宗，2015），因此在城市更新中急需拓展在社区中直接发展文化创意产业的潜力，全方面培育创新文化；②根据前述研究，现有点状分布的创意产业园存在诸多问题，很难起到持续性的以点带面的创新带头作用；③创意产业区仅仅是一个物理和产业的概念，一块城市空间内部可能存在大量的创意企业集聚，但它不一定具有创意氛围（creative milieu), 因为这里的创意氛围是一个环境概念, 它包括一个城市的制度环境、人文环境、工作环境和学习环境等, 涉及社会、自然和文化的多重维度, 这是创意阶层真正乐意长期在某场所集聚的原因。在生产端的创意产业集群只有与居住区、消费端发生中观和微观层面的密切联系和互动, 创意氛围才能够产生。

因此, 若要发挥全社会的创意潜能, 必须一方面鼓励多元阶层混合的社区生态, 打造高包容度的创意氛围; 另一方面, 适度将生产、公共服务、休闲娱乐、展览展示、信息发布、培训教育等功能植入居住社区之中, 进行全方位的知识传播和个人再教育, 打造具有长期学习和利于交往的社区创意氛围。同时, 通过把原本集中在创意园中的创意要素分散和联网, 将创意产业与社区的交互界面最大化, 将封闭的创意园区转化为开放的创意社区 (图 4.23)。

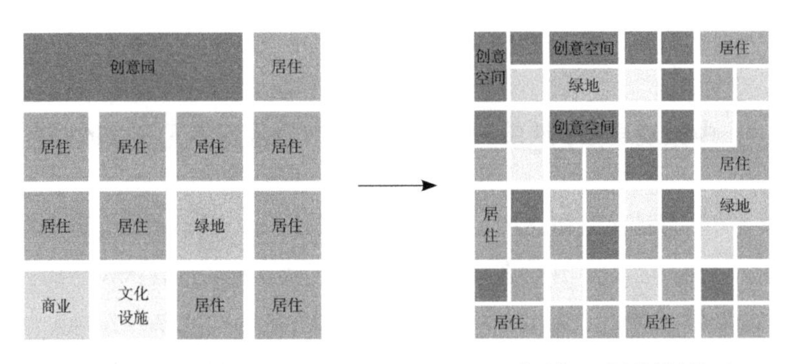

图 4.23 从功能单一、封闭的创意园向多功能、开放的创意社区转变

4.4.1 创意空间边界的开放

在城市更新中, 创意空间的更新拓展区域的选址、布局、用地结构等在上小节中已经进行了深入研究。如 3.4 节所述, 脱离创意文化圈层的封闭孤立的创意园在实践和理论上都不可行, 科技园因"三螺旋"的空间结构和联系通道而在创意创新领域取得了不错的效益。因此, 对于具体的创意空间更新项目, 首先需要做到边界的开放, 以保证各个要素的连通互动, 形成开放共享的空间模式。以下通过原作设计工作室的两个实践项目为例,

分别从创意生产和创意消费的层面来论述创意空间边界开放的必要性和设计策略。

4.4.1.1　创意生产层面

同济大学生命科学大楼（立项名称：上海国际知识产权学院与创新创业大楼；设计时间：2017 年）的基地位于同济大学四平路校区和彰武、铁岭校区以及宿舍区之间，多为 20 世纪 50 年代到 80 年代建造的老公房填充的周围的城市肌理。基地北侧紧邻由巴士一汽停车楼改造而来的上海国际设计一场（同济大学建筑设计研究院），东侧是由多层厂房改造而来的同济大学创意设计学院一期教学楼，与西边的同济大学本部仅一条马路之隔，拥有绝佳的创意氛围和智力源。它在未来不仅要承担与生命科学相关的实验活动，还要满足教学办公和科研交流等功能要求，是上海环同济知识经济圈内的一个以创意培育、科研为导向的重点城市更新项目。

本项目与周边的创意空间相互关联，功能需求高度复合：它既是创意设计学院和生命科学学院（简称生科院）的功能延伸，也是对整个环同济知识经济圈核心区的功能补充，兼具举行大型国际会议、社会科普教育以及市民公共活动的功能，因此边界的开放是创意空间集聚和功能复合共享的内在要求。它需要舍弃围墙，才能与周围的城市街区融为一体，才能将校园文化和活动充分与城市公共活动相融合。

目前生科院一直与医学院共用医学大楼进行办公和科研，创意空间的短缺极大地制约了生科院的学生培养和科研创新；暂驻于本部综合楼 10 楼，仅拥有 2000m^2 的知识产权学院也面临着同样的问题。生科大楼的建成将为它们提供充足的创意空间，同时又不阻碍新址上的生科院和知识产权学院与校本部之间的紧密联系。从功能延伸角度看，边界的开放有利于疏通和保持基地与校本部创意空间的联系，将场地自然地纳入周边街区的路径体系之中，高效承接创意空间的转移和升级。从场所共享的角度，由于基地周围创意空间集聚，各种日常行为和创意活动交织，边界的开放与交通组织和建筑布局相结合将有利于引入城市空间的特征与活力，形成开放共享的公共空间体系，满足创意人员对功能融合和交往互动的场所需求（图 4.24、图 4.25）。

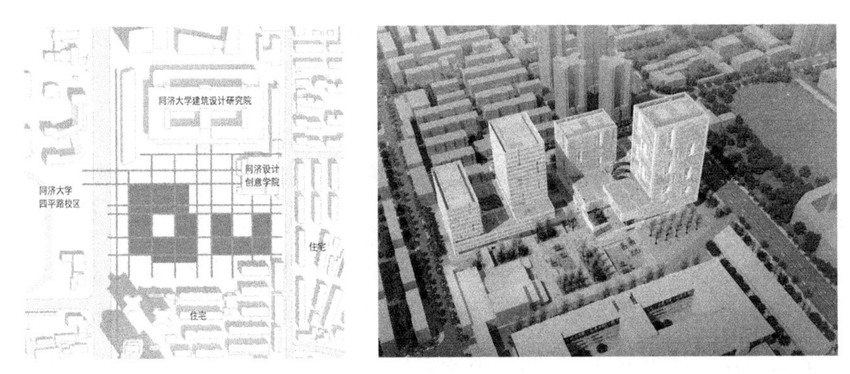

图 4.24　边界开放—脉络贯通—形态生成
（图片来源：原作设计工作室）

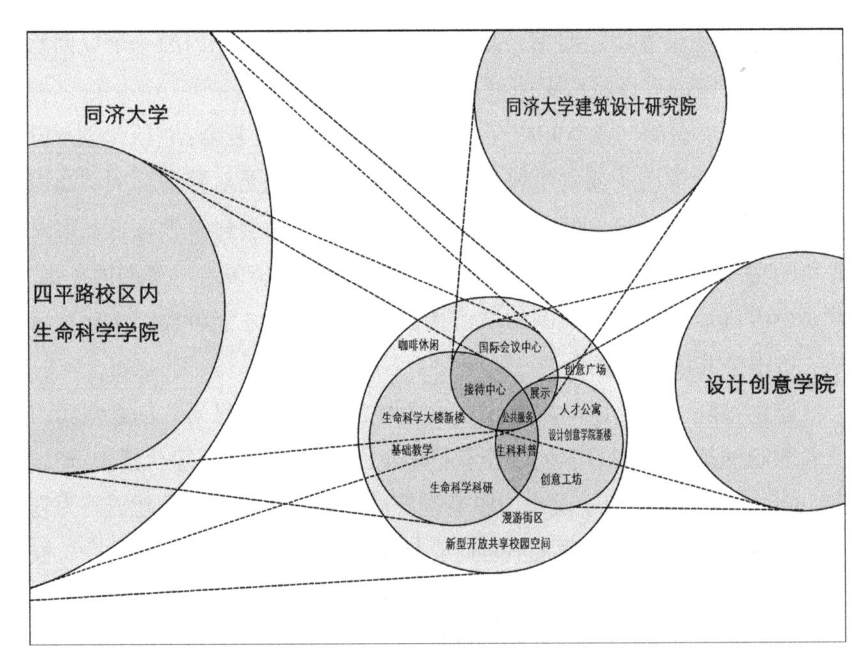

图 4.25　功能延伸与场所共享
（图片来源：原作设计工作室）

4.4.1.2　创意消费层面

上海市黄浦区 130 地块城市设计（设计时间：2016 年）的基地位于上海内环的中心地段，是亟待更新的“淮海路—新天地”组团的重要组成。它东侧紧邻淮海公园，西接新天地商圈，北侧为淮海中路；基地附近有多个里弄历史街区，且基地内包含多栋历史建筑，整个区域的商业氛围和人文气息浓厚。但是现状的 130 地块围墙丛生，与东侧的淮海公园相互分置、各自为政，行为和视线均受到了严重阻隔，封闭的空间结构使得外部密集的人流无法有效导入淮海公园，无法释放城市公共空间应有的活力；同时，不开放的边界造成了基地内大量相互不连通的尽端路，各个建筑的功能也较为孤立，未能形成复合共享的空间状态（图 4.26）。因此，在开放场地边界的前提下，疏通街区脉络和打造开放共享的空间体系是项目首要的更新机制。为此设计师通过建设用地中间林荫公园的引入，打通了兴安路与淮海公园的联系，进而加强了整个场地与兴安路西侧新天地商圈的互动关系；并在嵩山路形成街头公园，丰富了地块景观，提升了环境品质。随后，置入消费型的创意空间，打造文艺地标，补充大商圈的创意功能，激发区域功能升级和活力。城市更新所提供的创意空间可以满足有展示需求的设计师、艺术家，并为国际公司提供总部级办公场所；同时打造一系列的消费场所，吸引大量人流（图 4.27）。

图 4.26　项目基地的封闭现状

（图片来源：原作设计工作室）

开放的景观脉络不仅扩大了淮海公园的辐射范围，而且创意街区中视觉和行为的联系得以建立，充分释放了空间与外界的接触面，形成了积极外向的空间模式（图 4.28）。积极外向的空间模式不仅可以增加街区的活力，丰富创意工作者的日常性活动，还能够吸引更多的游客前来感受创意带来的体验，他们可以很方便地参与到作品的欣赏、评价、消费中，甚至可以参与创作的过程，这对于创意阶层的自我认知和能力的提升极具价值。

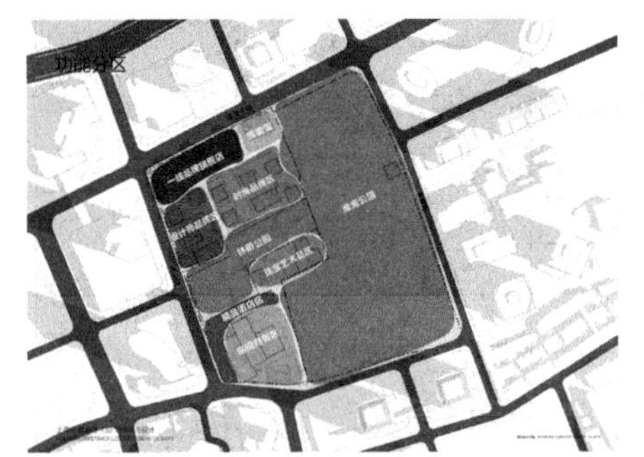

图 4.27　创意空间的开放式布局
（图片来源：原作设计工作室）

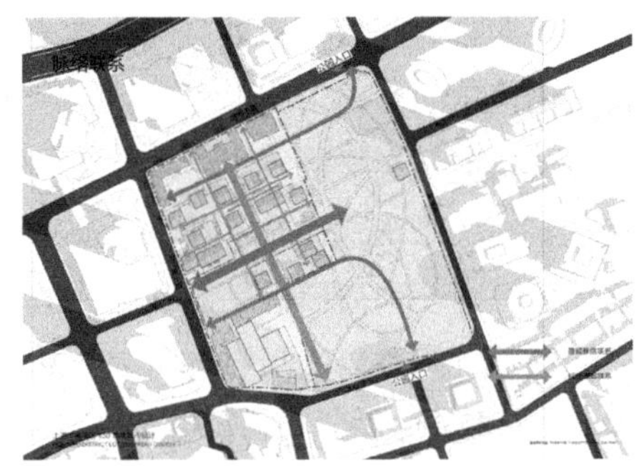

图 4.28　积极外向的空间模式
（图片来源：原作设计工作室）

4.4.2　更新地块的弹性利用

城市更新地块 / 用地的弹性利用主要体现在三个方面：用地性质的灵活转换、用地形态的灵活调整、用地强度的灵活配置。这对于提高存量土地的空间利用效率至关重要。

在历史上，更新地块的弹性利用是上海的空间特色之一。租界时期，在地价飞速上涨的情况下，把整块土地分割后分块出售往往比整块出售更有利。分块后的土地上则很可能会出现不同的空间模式，这就造成了不同的文化和功能圈层在空间上的临近与混合。举个例子，1864 年一位买主从多个上家手中买下一块位于老城厢西侧（今天的西藏南路以东，人民路以西，淮海东路以南）的土地 A；1889 年，公董局修筑徐家汇路（今西藏南路）使得周围地价猛增，买主随即把土地分割成 13 小块单独出售，牟取暴利（牟振宇，2012）（图 4.29）。虽然当年的空间情景无法复原，但从今天的地块状态来看，这里多元拼贴的肌理和混杂的空间模式犹在。当然，业主将难以单独开发的地块（如面积过小、形状过于奇特等）与其他地块合并，进而打包出售的情况也很多。

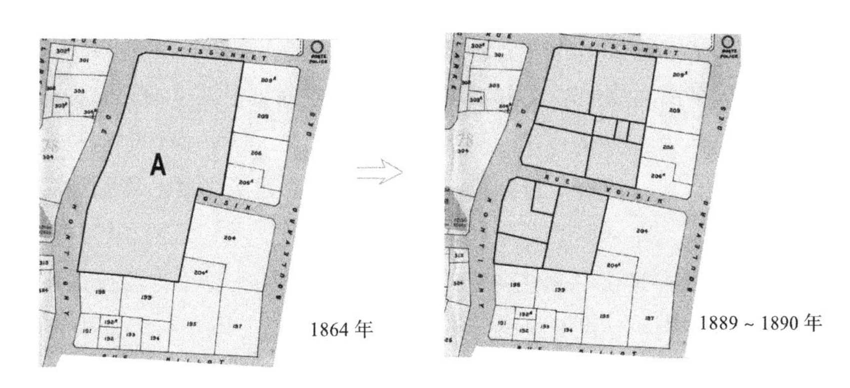

图 4.29　A 地块分割示意图

（图片来源：牟振宇 . 从芦荻渔歌到东方巴黎：近代法租界城市化空间过程研究 [M]. 上海：上海世纪出版集团，2012：424）

《上海市城市更新规划土地实施细则》（2017 年，以下简称《细则》）在第五章关于规划土地管理政策的规定中，分别就“用地性质的改变”（第二十五条）、“用地边界调整”（第二十七条）、“建筑容量调整”（第二十八条）等方面对现行的部分规划和土地政策进行了突破性的修改。

在上海市黄浦区 130 地块的城市更新实践中，规划师尝试利用《细则》中对于土地弹性利用的多项规定，优化了原有不合理的控规，提高了土地使用效率和创意活力。2008 年批复的《上海市卢湾区淮海社区控制性详细规划》（以下简称原《控规》）将 055 街坊分为 055-1、055-2、055-3、055-4 地块，055-4 地块为公共绿地淮海公园，现状总建筑面积为 46318m^2。本项目的建设用地由公共设施综合用地 055-1，商业金融用地 055-2 和 055-3 组成。其中原《控规》保留建筑面积中，055-1 地块保留沿街商业与东风中学（已经拆除），共计 7500m^2，055-3 地块保留消防站与附属建筑，共计 2500m^2；原《控规》开发建筑面积中，055-2 地块的容积率为 1.5，开发共计 16800m^2。保留与开发地块的面积之和为 26800m^2，远低于现状面积，这并不符合地块所在区域高强度开发的空间利用模式，若按此容量开发，项目很难取得城市更新预期的收益，并会造成公共资源的严重浪费。

因此，设计师基于原《控规》，将055街坊作为一个完整的更新单元，对场地内的建筑进行评估，保护并且保留有历史价值的建构筑物。根据《细则》，保留的萝郁里弄和松郁里弄可全部或部分不计入容积率，共计约3850m²。随后，林荫公园的引入增加了3650m²的公共开放空间，根据《细则》将获得上限不超过核定面积20%的建筑面积奖励，共计约5300m²。设计时将建筑体量南移，北地块以原《控规》指标控制，南地块提高建筑高度。移除淮海公园内部分商业建筑，进一步释放约6000m²的绿地空间，将建筑面积转移到南侧的开发地块内，并建议南侧地块建筑高度控制在100m以下。若按优化方案实施，则原《控规》总建筑面积与奖励／补偿的面积之和为41950m²；根据设计方案，最终的地上建筑面积控制在46300m²，与现状面积相当，建筑用地的容积率为2.48，优于原《控规》方案的1.44（图4.30、图4.31）。

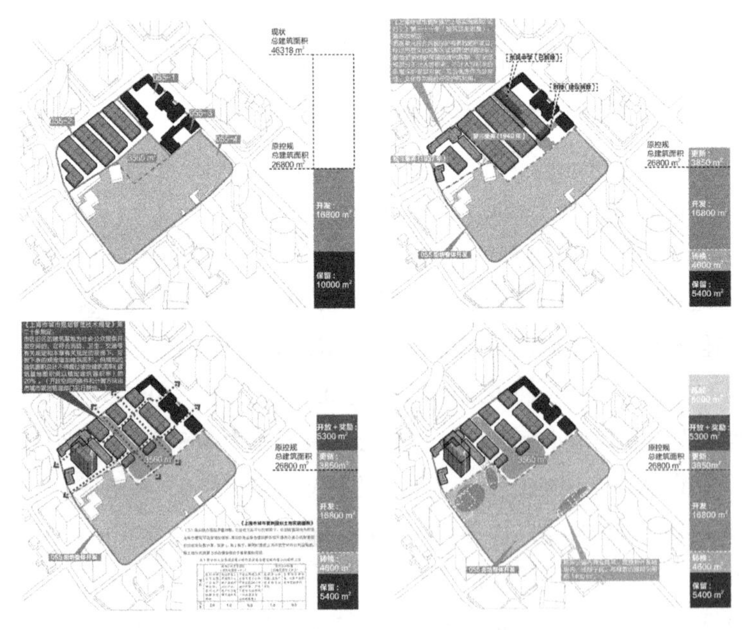

图4.30　基于《细则》的控规优化

（图片来源：原作设计工作室）

图 4.31　更新前的现状（左图）和更新后的效果图（右图）
（图片来源：原作设计工作室）

4.4.3　功能复合和交通高效组织

在前述宏观层面中已经论述了功能复合和交通高效组织的重要性。对于具体的更新项目而言，项目的产业定位和空间组织策略的不同会导致十分不同的空间使用体验和创意产出效果。笔者在前文论述了目前许多创意园存在的问题：边界封闭、自成一体、缺乏与周边环境的互动、业态配置不合理等。

本小节以下内容以上海长阳谷创意产业园（又称上海市长阳谷五角场高新技术产业园）三期的改造设计为例来重点论述在创意空间生产中的功能配置和交通组织问题。长阳谷原为建于 1920 年 10 月的日商“东华纱厂”；1943 年改为日本第五机械制作所，从事汽车零部件的修配业务；1945 年由中国纺织建设公司接收，翌年成立中国纺织机器制造公司；1952 年将河间路第一分厂并入改名为“中国纺织机械厂”；1992 年 5 月改制为中国纺织机械股份有限公司。由于厂区搬迁，自 2012 年起长阳谷在原有厂址的基础上开始了创意转型，2014 年 7 月创意企业正式入驻，2015 年底同济原作设计工作室进行了第三期的建筑概念方案设计。与周边既有建筑改造类的创意园（五角场 800 号艺术区、城市概念创意园区、上海国际时尚中心、四季广场、岚亭园）相比，长阳谷的园区占地面积最大（约 3.85hm^2），区位和交通优势显著，紧邻内环高架，周边有轨道交通 12 号线宁国路站和多条公交线路通达。虽然具有诸多优势，但是一期、二期的产业功能定位和办公配套设施并不能满足灵活多样化的创意生产和消费需求，园区缺乏应有的活力和特色，因此亟待通过适宜的设计策略去提升和激发创意空间的潜能。

在交通组织方面，设计师兼顾规划要求，增加临青路南北连接功能，调整园区内部道路走向；通过对周边道路情况和临青路机动车出入口设置情况的研究发现临青路的城市交通压力较小，故建议将临青路设定为园区的生活性道路；在保证园区完整性的同时，增强东西连通诉求，形成十字交会的交通路网体系（图 4.32）；同时增强了城市人流的导入，将通过性道路转变为互动交往空间，活跃道路两侧的商业界面，形成连续完整的城市活力空间（图 4.33）。在园区内部人车分流的原则下，设置了宽松宜人的步行交往空间，并结合绿化景观系统营造丰富的步行空间体验（图 4.34）。通过立体交通的组织，将室外平台和垂直交通空间进行室内外连接，再将公共走廊、二层连廊通过中庭回廊相连，这些公共空间阡陌纵横，串联各个功能区域，提高了整个园区的可达性和运行效率（图 4.35）。

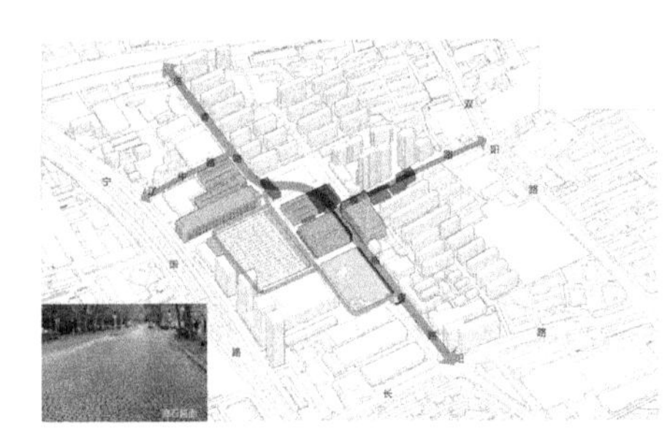

图 4.32　十字交会的交通路网体系
（图片来源：原作设计工作室）

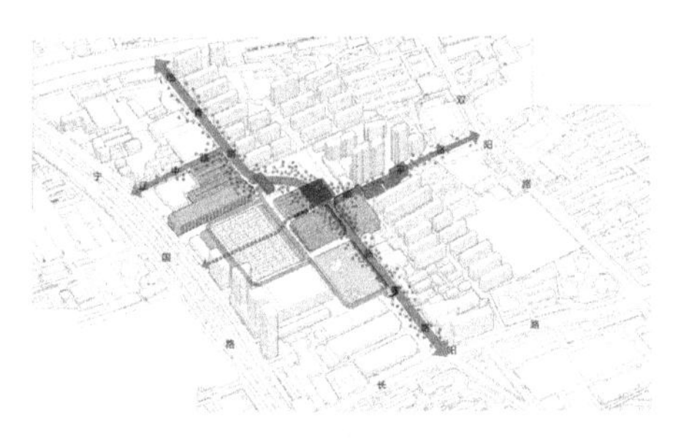

图 4.33　沿街形成活力界面
（图片来源：原作设计工作室）

图 4.34　人车分流的宜步行交通空间
（图片来源：原作设计工作室）

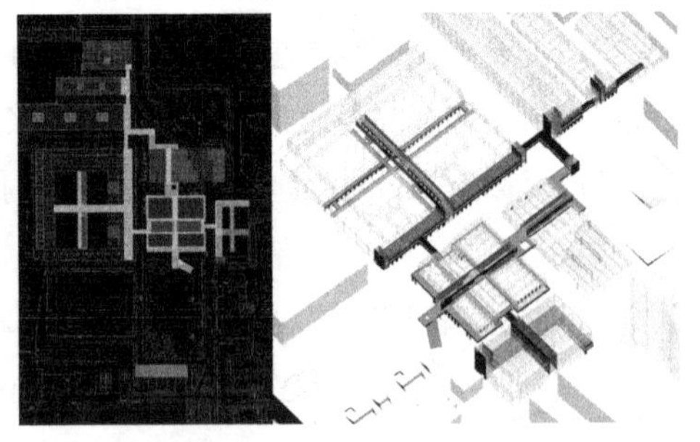

图 4.35　立体交通组织
（图片来源：原作设计工作室）

在功能配置方面，通过分析周边创意园的产业构成和运营状况，并结合长阳谷园区升级的自身多样化诉求，打造以复合为核心的功能布局。形成文化体验展示、文化复合商业、SOHO 办公、集中办公、配套公寓、餐饮休闲娱乐等主要的功能区“大混合、小集聚”的使用状态（图 4.36）。同时打造秀场、创意集市、活力单元等创意亮点空间，例如，B 楼厂房结构保存完整且艺术性强，设计将其结构的中间跨开辟出来作为园区内公共性最强的秀场空间，复合时尚发布、展厅和演播厅等多种功能，可以承担未来更加大型的创意事件，进一步激发园区活力（图 4.37）；通过特定时间段的交通管制，将平时厂房或连廊下部道路穿越的空间作为创意集市场所，使空间得到充分利用，成为区域内活动聚会和定期集市的理想场所；沿二层连廊两侧植入具有商业零售、休闲服务和社交休憩功能的活力单元，将连廊单纯的交通功能拓展为公共活力的纽带。通过进一步的改造，三期未来的建筑面积达到了 8.2 万 m^2，比现状 4.55 万 m^2 的建筑面积多了将近一倍。

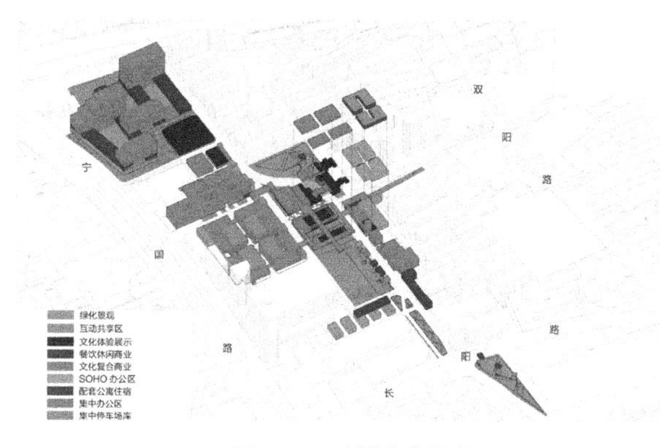

图 4.36　功能分布示意

（图片来源：原作设计工作室）

图 4.37　秀场效果图

（图片来源：原作设计工作室）

4.4.4　既有空间向创意空间的转型模式

与拆除新建模式相比，对既有空间的再利用往往更节约时间和成本，且更环保和尊重既有文脉，可以在保护历史文物和文化遗产的基础上提升城市的形象和环境品质。上海创意导向下的既有空间转型可以分为两种模式，一是在距离城区较远的工业用地等社区结构尚不成熟的地区，通过改造空置的厂房等建筑和基础设施用于创意的生产和消费，增加场所活力，进而带动这个片区未来创意社区的建设，如上海徐汇滨江的西岸（以下简称带动模式）；二是在社区结构成熟的城区内，通过创意性再利用既有建筑或设施来加强创意产业、创意阶层和当地社区（公众）的联系，并促进各自的发展（以下简称联系模式）。不仅仅是改造或保护，在与城市整体风貌和城市肌理相协调的基础上适当地拆除和新建也是城市更新的工作之一。而且无论是哪种模式，创意型的更新策略都要符合多元空间的相互临近和相互作用的原则，同时满足上位规划，相关技术要求、设计规范等与创意空间相关的民用建筑规范。

对于第一种模式，可以在更新单元的基地内部或一栋建筑面积较大的建筑里构建多元空间的集聚混合状态；对于第二种模式，在建筑面积较小或功能要求较为单一的情况下，可以通过边界开放、植入公共空间等方式发掘周边的创意要素，并与之发生空间和行为关联。这些过程就如同"针灸"疗法，利用既有空间的创意型更新由点带面地激发空间的创意活力，发挥"触媒"效应，营造创意氛围。

4.4.4.1　带动模式

在上海中心城区的范围内，带动模式主要针对黄浦江两岸，以及靠近外环线边缘的工业建筑和基础设施等的创意型更新。由于大面积整体性的开发无法应对资金投入、规划建设周期、市场需求和风险控制等因素，因此带动模式中往往会在前期选择具有标志性的既有工业建筑或基础设施进行创意型改造，提升地区的影响力，进而吸引投资。这与文化导向的城市更新模式有相似之处，但是带动模式比后者更加注重创意文化的培育和包容性城市氛围的营造，强调多城市要素的集聚混合。在未来的发展中，不能以牺牲创意活力为代价来换取地产开发的短期效益，更新模式应当根据前述的原则通过未来创意空间的合理配置和布局来进一步减少创意波的阻力，形成各个创意要素的良性互动。

上海是国际上重要的工商业城市，近代工业发展有150多年的历史。自19世纪开埠以来，黄浦江作为重要的水路交通支撑孕育了两岸繁荣的工业经济，工业产值曾一度占全国工业总额的一半之巨（1933 年上海的工业资产总额约占全国的 40%，产业工人约占全国的 43%，工业产值约占全国的 50%），1949 年之后其工业水平继续发展，产生了数量众多、规模宏大的码头、工厂和仓库等工业建筑群。它们是大工业时期权力配置下的空间要素，同时也是文化认同的物质载体，是上海城市历史的重要研究文本和市民集体记忆的类型学要素。对于带动模式而言，政治经济等权力要素并不是工业遗产更新的首要推动力，它更多地受文化的影响，因此十分容易得到社会的认可和广泛关注。

2002 年 1 月上海市宣布实施包括 2010 年上海世博会会址在内的“黄浦江两岸综合开发规划”，标志着黄浦江两岸地区开发正式上升为全市的重大战略（张松，2015）。其中，“世博会”这一重要的创意性事件引发了上海滨江工业用地第一轮大规模的创意转型，催生了一批创意空间，例如带动了 E 片区[1]在城市最佳实践区基础上的创意升级，以及 B、C 片区的工业用地转型为总部服务商务区。在同样的城市更新思路下，如徐汇滨江西岸“规划引领、文化先导、产业主导”，浦东滨江“依托老白渡地区煤仓及船坞、上海船厂、民生码头等一系列城市更新改造及工业遗存保护性开发文化项目，推进国际文化集聚带建设，文化功能不断增强”（《黄浦江两岸地区发展“十三五”规划》）的总体开发思路，同时借助于 2013 年中国上海西岸双年展、2015/2017/2019 上海城市空间艺术季等大型文化创意事件的推动，以既有工业建筑或基础设施为依托的创意空间（以文化艺术类为主）成为较早一批在城市更新中被改造再利用的项目。它们与附近新建的创意空间一起，在滨江带中产生了强大的创意活力和吸引力，带动了随后信息传媒、金融等其他创意产业的布局和建设。以下笔者通过分析世博城市最佳实践区和西岸的带动模式，为未来上海滨江地区的创意型城市更新提供一定的参考方向。

1）上海世博城市最佳实践区（UBPA）

上海世博会期间（2010 年 5 月 1 日至 10 月 31 日），城市最佳实践区位

[1] 2010年上海世博会园区划分为五个功能片区，其中ABC片区位于浦东，DE片区位于浦西。A区为亚洲国家馆（除东南亚），B区为东南亚及大洋洲国家馆及国际组织馆，C区为欧洲、非洲和美洲国家馆，D区为企业馆区，E区为城市最佳实践区。

于世博 E 板块，用于展示全球 50 个优秀城市案例。占地 15hm^2，其中保留的工业建筑占总建筑面积的 60% 以上（唐子来 等，2009），包括上钢三厂的车间厂房、南市发电厂等。世博会后，这些原本在会中发挥创意传播、教育宣传职能的建筑几乎所有都得到了保留并进行了新一轮的创意型改造。在世博会的后续影响和工业遗产更新，特别是由南市发电厂改造而来的“上海当代艺术博物馆”这一城市级创意旗舰项目的带动下，整个街区不断地吸引了大批创意企业入驻，功能不断地得到完善；并适当拆除了保屯路—中山南路交叉口处的部分建筑和临江构筑物，计划分别建设高层创意设计办公楼项目（北楼和南楼），提高地块的开发强度。

根据规划，整个实践区的商务办公建筑面积占 40% ~ 50%，商业服务建筑面积占 25% ~ 30%，文化休闲建筑面积占 25% ~ 30%（唐子来 等，2012）。目前，入驻企业 22 家，其中有一半的企业从事文化创意以及相关产业，除必要的餐饮业以外，其余的企业也均属于高端服务业的范畴，创意企业的总体比例约为 77%，形成了集聚混合、复合互补、动静相宜的功能布局（图 4.38）。

图 4.38　城市最佳实践区空间演变示意（2004 ~ 2017）

在原有工业建筑所形成的场地脉络基础上，城市最佳实践区进行了两次更新。第一次更新中，区域布局为“一轴三区”，由南部的全球城市广场、中部的林荫步道和北部的模拟街区广场三部分构成，公共开放空间轴线贯穿南北。第二次更新的布局为“一轴线、两核心、九组团”，街区的空间形态延续了第一次更新后的基本建筑格局并作了进一步的完善，空间结构更加整体和开放。新老建筑紧凑组合形成九个不同的组团，南北街坊的不同组团分别围绕由广场和绿地形成的两个核心开放空间；一条主要的步行廊道串联不同等级的空间，步道与广场绿地、院落等形成功能有别、规模不等、形态各异、错落有致、收放相间的连续体系，并结合开放的街坊边界形成与外界多向联通的交通系统，方便人流导入。在工作、游憩、教育空间高密度混合的街区中，人们既可以在办公室进行创意生产，去教育场所进行培训，也可以去博物馆等创意空间进行创意消费和灵感寻觅，这有利于培育创意氛围和文化认同。

上海世博城市最佳实践区与功能较为单一、封闭式的传统创意产业园不同。一方面，它充分发挥了工业遗产在创意产业中的吸引力和带动作用，形成了以多元化的创意空间为主，集聚混合的功能布局模式；另一方面，原有的建筑肌理和场地脉络起到了规划引擎的作用，新老建筑相互结合、错动，形成了开放的空间结构。在加强自身创意活力的同时增加了周围街区和更远地区的人流导入，形成了吸收与反哺的创意良性循环。目前城市最佳实践区所在的 E 片区和西南侧 D 片区的控制性详细规划还未出台，既有建筑的创意型更新对整个大片区的带动效应还并未显现，理想的更新思路应当把两个片区作为一个整体，打造产业集聚和混合度更高、交通系统相互联通的滨江创意社区。

2）上海西岸（West Bund）

“上海西岸”位于上海徐汇区西南域，是徐汇滨江地区的代称，紧邻徐家汇、龙华历史文化风貌区，总面积约 9.4km^2，岸线长约 11.4km。西岸曾是上海重要的工业区，集聚了包括龙华机场、上海铁路南浦站、北票煤炭码头、上海水泥厂、上海合成剂厂、上海飞机制造厂等在内的众多工业设施和重要的民族企业。上海世博会之后，2011 年徐汇区第九次党代会提出了打造“西岸文化走廊”品牌工程战略，自 2012 年起由国有独资企业集团上海西岸开发（集团）有限公司全面负责并实施西岸的城市更新。

为了迎接上海世博会和进行污染整治，2007 年滨江的工业企业开始大面积的关停、搬迁，并在世博会之前（2009 年）开始了高档商品房的建设。2012 年后，商品房的建设仍在继续，但是在“文化先导，产业主导”的开发理念下，滨江的工业遗产开始得到了创意型的更新并最先投入使用，如由原上海飞机制造厂厂房改造而来的西岸艺术中心，原上海飞机制造厂机库改造而成的余德耀美术馆，在北票码头原址上改建而成的龙美术馆（西岸馆），而油罐艺术公园（OPEN 建筑事务所改造）内的工业基础设施在西岸 2013 建筑与当代艺术双年展时就已经被改造利用。在第一批创意型更新项目和一系列文化创意事件的带动下，不同类型的文化创意项目不断入驻滨水区，大型的创意空间继续沿黄浦江沿线展开，小型的创意空间则主要围绕特定的第一批创意更新项目集中分布，如依附于西岸艺术中心在其北侧分布的西岸文化艺术示范区，它主要由设计师、艺术家的工作室和画廊组成；西岸创意空间得到了持续性的生产，形成了“西岸文化走廊”创意集群。

在 2014 年之前，基地内的创意型改造项目与房地产项目同时进行，这与文化为导向的城市更新模式颇为相似。但是 2014 年之后，西岸的信息传媒板块（西岸传媒港）、创新金融板块（西岸万国金融中心、西岸华鑫金融中心）、航空服务板块（上海国际航空服务中心）以及更加深入腹地的综合商贸板块（滨江城开中心、龙华地区综合改造）等不同类型的创意产业空间开始相继启动，此进程在 2017 年开始加速，“既有建筑创意型改造—文化走廊建设—创意产业集聚区建设”三个创意空间生产阶段逐渐清晰，在区域内部取得了良好的带动效应。同时，既有建筑的创意型更新和文化项目的建设进一步地深入，并保持了基地内既有的社区结构，提供了充沛的福利性集体消费产品：一块大面积的区筹公租房用地（龙南佳苑）以及高比例的社区服务设施用地和基础教育设施用地，在一定程度上提升了整个创意社区的包容度和多样性（图 4.39）。

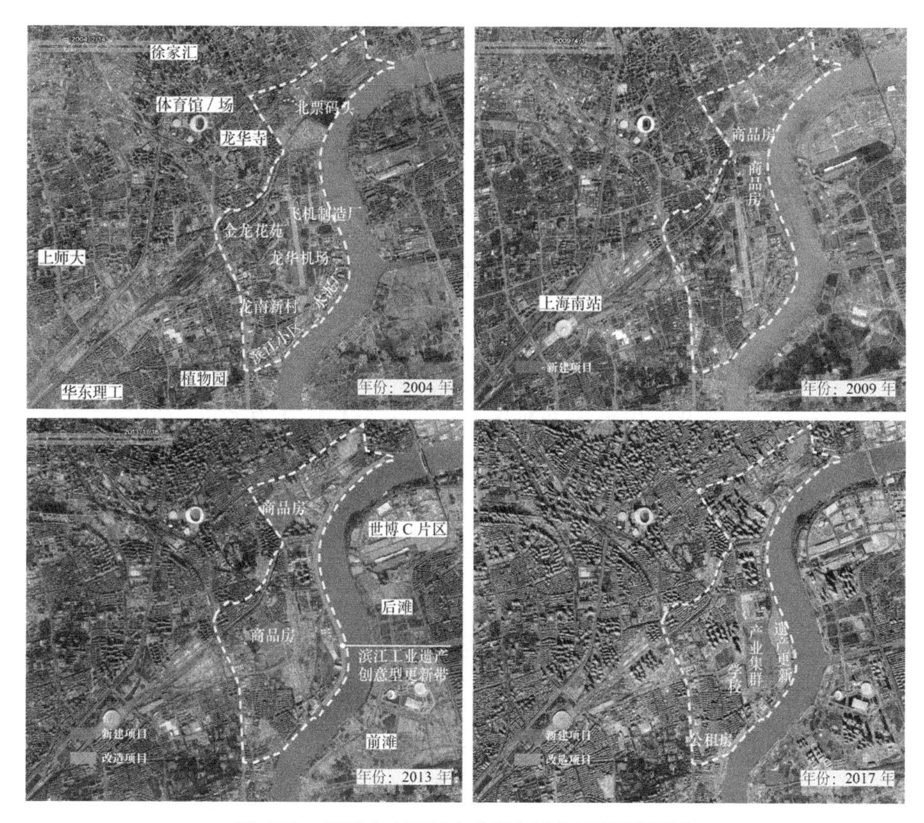

图 4.39　西岸（中环以内范围）城市更新进程示意

根据规划，生产、交换、集体消费要素在区域内将形成“大混合、小集聚”的空间状态，密集的垂江通道（道路）与对外交通形成快捷的联系网络，方便附近 1 ~ 3km 内的众多高校（复旦大学枫林校区、上海交通大学徐汇校区、上海师范大学徐汇校区、华东理工大学）、商圈（徐家汇商圈、龙华商圈、上海南站商圈）的大量人流导入，有助于发挥“三螺旋”效应和构建生产—消费完整且多样的产业链，最终将产生 900 万 m^2 的区域开发总量。在新建项目结束后，基地未来的城市更新应当集中在老公房的环境品质提升以及向创意社区方向的全面升级，充分利用既有建筑的存量，吸引创意阶层入驻。

就原则性的策略而言，在带动模式中应围绕已经更新完成并正在发挥创意效应的文创项目进行混合用地的规划编制，增加创意社区和产业空间的集聚度和混合度，增加集体消费品的供给；疏通场地脉络，以高密度小路网的交通系统联结各个创意空间节点、公共空间和城市公共交通站点，加强与城市其他地区的交通联系。

4.4.4.2　联系模式

带动模式中的既有空间以工业建筑为主，而在联系模式中由于项目多位于发展成熟的城市社区之内或之间，几乎可以囊括所有既有存量空间的类型，尺度差别也较大。在中微观层面上，一片“城中厂”、一个街区和一段基础设施都可以成为创意型城市更新的对象。根据类型和使用方式的不同，笔者把城区中可以被更新的既有空间分为四类：建筑整体、空置场地 / 基础设施、开放空间、公共建筑。

建筑整体指的是具有完整围合空间且可以独立运营的一栋或多栋建筑，它们大多最初是“非创意的”空间（车间厂房、仓库、消防站、监狱、宰牲场、菜场、废弃的军事设施等），或者以前就是与创意相关的文化建筑（如戏院、电影院、马戏团、博物馆等）；前述（第 3 章）的创意园就属于前者，但是由于种种原因，许多创意园并没有起到应有的联系作用（图 4.40）。空置的场地 / 基础设施指的是废弃的停车场、铁道，或高架下、街头绿地、围墙等没有被充分利用的空间（图 4.41）。开放空间指的是在城市中人们可以自由出入的街道、广场、绿地等容纳社会公共活动的场所。对开放空间的创意型更新的重点往往不是静态的和物质性的，而是通过组织一系列的长期或短期的文化创意活动来营造场所的创意氛围，激活区域活力（图 4.42）。公共建筑指的是图书馆、学校、市政部门、政府机关等公共设施和机构所占用的空间，它们广泛分布于城市的各个街区。上海有很大比例的城市空间被它们所占据，但它们却发挥着较为低效的创意效应，因此有效利用公共建筑的闲置空间可以为公众提供大量的文化创意活动和学习机会（图 4.43）。

这些空间既可以成为创意生产和消费的空间，也可以成为创意阶层与公众长期或临时性的交流平台。受资金来源、组织方式、空间权利、城市管理等因素的制约，针对不同的空间类型会有不同的更新方式（表 4.3）。

图 4.40　严同春宅更新为解放日报社
（图片来源：原作设计工作室）

图 4.41　中目黑高架下的创意空间植入
（图片来源：http：//www.nakamegurokoukashita.jp）

图 4.42　西岸音乐节中空置场地的临时再利用（2015 年）

图 4.43　建筑师在既有空间中的集体再创作
（兰州规划展示馆，2015 年）

联系模式下的既有空间创意型更新的行动框架　　　　**表 4.3**

更新目标	空间类型	更新方式	经验与案例
争取资金和政策的支持，为创意生产和消费等活动提供稳定或临时性的场所，搭建创意阶层、创意产业和公众的联系平台，提升街区活力	建筑整体	首先需要对空间的产权进行明确界定，然后交易转让；在满足设计和建设法规的前提下对空间进行改造，随后以自营或出售的方式吸引创意企业共享入驻	例如，从宰牲场改造而来的1933老场坊创意园，从亚洲文会大楼改造而来的上海外滩美术馆
	空置场地 / 基础设施	通过政府相关部门或社会组织的介入，搭建共识空间和共赢平台，推动空间的产权拥有者积极参与城市更新工作；同时发挥艺术家等创意阶层的能动性，寻找可更新的空间并拓展可更新的空间类型和边界	例如，从高架铁道改造来的纽约高线公园，东京中目黑高架下的创意店铺和餐厅的植入

续表

更新目标	空间类型	更新方式	经验与案例
争取资金和政策的支持，为创意生产和消费等活动提供稳定或临时性的场所，搭建创意阶层、创意产业和公众的联系平台，提升街区活力	开放空间	提高城市空间管理者的认识和包容度，鼓励并协助创意阶层和市民定期或不定期地组织公共文化创意活动，提高创意活动的全民参与度	例如，2017 年艾未未在纽约发起的 Good Fences Make Good Neighbors 艺术装置项目
	公共建筑	通过政府相关部门或社会组织的介入，形成共识空间；把公共建筑的闲置场地在特定的时间低价出租或借用给创意社团或个人用于创意活动的开展，形成空间共享的高效状态	例如，美国 1976 年颁布的《公共建筑合作使用法》（Public Buildings Cooperative Use Act）

1）上海市苏州河西牢艺术市集的更新和南北文化动脉的贯通

“一江一河”（黄浦江和苏州河）是上海中心城区结构性的骨干廊道，其他的水路与之连通并形成了城市整体的水系网络和空间脉络。两岸生产性的岸线正全面向生活岸线转型，它们的空间品质需要通过城市更新予以提升，其中黄浦江 45km 的岸线已经于 2018 年初实现贯通开放。在此笔者以位于苏州河南岸厦门路北侧的“西牢”地区的创意型更新为例，论述通过既有建筑的成片更新和与既有创意空间的联系而最终形成整体的创意集群的方式。

通过对该地块的前期调研，可发现地块四周被历史风貌保护街坊围绕，与外界的接触面小且无穿行的道路，地块的开放性不足。同时，地块周边的创意空间分布密集，且河对岸的创意场所（如上海 OCT 艺术中心、四行天地创意园区）已经发展得较为成熟，具有较大的社会影响力（图 4.44）。因此，发挥地块的区位优势，通过既有建筑的更新把区域的创意资源进行联系整合成为本次设计的主要目标。

更新地块内的建筑所有权分属农行仓库和市排水管理处，利用效率低下。首先，规划师对与整体风貌不协调和质量较差的建筑或构筑物进行拆除，增加公共空间的面积并打开封闭的空间界面；同时大面积保留了品质较高或具有历史、美学价值的既有建筑和构筑物。随后，把总部办公、文创办公、艺术展厅等创意功能植入保留建筑，实现地块的功能提升。最后，在南北方向

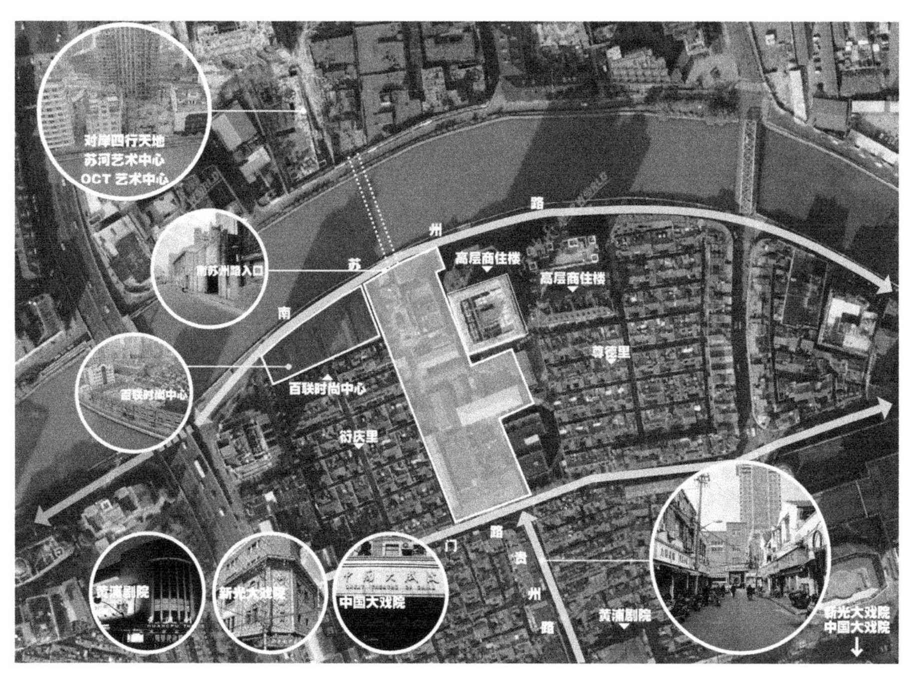

图 4.44　项目地块周边现状分析

（图片来源：原作设计工作室）

引入步行系统，其中新增的步行桥跨过苏州河联系起了北岸的创意空间；地块西侧新增的立体步行廊道不仅联系了地块内的创意空间，而且还创造了一个吸引大量人流通过、停留的创意事件或功能——周末市集，同时向南通过对沿街功能的提升拓展，联系了至北京东路范围内的大量创意资源。通过上述的城市更新，纵跨苏州河的南北文化动脉得以形成，苏州河北岸和南岸的创意资源得以联系整合，提升了苏州河的沿岸空间品质和横向老街区的活力，形成了创意文化集群的集聚效应（图 4.45）。

2）上海市衡复微空间 UrbanCross 的创意型更新

东湖路、新乐路、长乐路、富民路、延庆路交汇口处的居民楼的底层原本是一家轮胎店，常因汽车维修、护理而占据街道空间，导致周边环境拥塞紊乱，影响区域的整体风貌（图 4.46）。2017 年底，梓耘斋工作室利用在徐汇衡复风貌区内进行环境整治和立面修缮的契机，在徐汇区湖南路街道办事处的支持和协助下，以创意为导向对轮胎店进行功能置换和提升，从而更新为 30m^2 的“衡复微空间 UrbanCross” ❶，用于承载艺术展示、科普宣传等创意活动，形成了不同社区之间的联系节点和创意型的公共空间（图 4.47）。

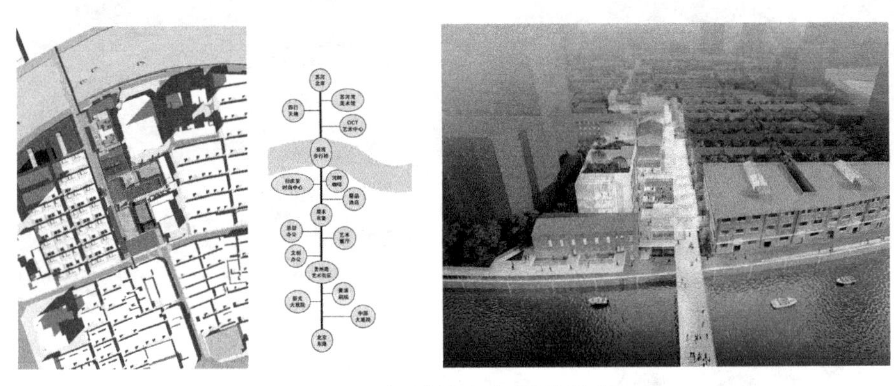

图 4.45　南北创意文化动脉的形成
（图片来源：原作设计工作室）

图 4.46　更新前（轮胎店）
（图片来源：百度街景）

图 4.47　更新后的衡复微空间
（图片来源：梓耘斋工作室）

作为一个处于城市交叉路口的创意空间，“衡复微空间”五分钟步行圈（约 300m）的范围内覆盖有多种类型的城市用地和更加多元的功能分布：新式里弄、老公房、现代公寓和社区底商在其周围混合集聚；商业服务设施集中分布

❶ 2019年，位于东湖路37号的“衡复微空间”被改造为“梧桐资源空间”，用于垃圾分类；此后，它所承载的创意空间被转移到了贵州路109号，继续在社区中编织社会网络，维系日常生活和文化活力。

于东湖路两侧，且沿东南方向与市级淮海中路商业街相交汇，且直接面向淮海国际广场和环贸 iapm；包括上海音乐学院、新乐路圣母大堂、上海红枫国际妇儿医院在内的多种教育、文化和医疗场所穿插其中。这就造成了“衡复微空间”周围高密度且稳定的社区人流和大量的办公、商务、观光、学习等的社会人流。而北面的城市花园广场（著名戏剧家、中国现代戏剧的奠基人田汉的雕塑坐落其中）又加强了整个交叉口场地对人群的吸引力、聚合力和创意空间的标志性。这些促使了“衡复微空间”以创意为媒介，通过知识的传播和公共空间的营造去联系城市中的不同阶层、不同身份的人群，形成人文与社会、个体与社会的积极互动。不仅如此，把富有现代感的设计和创意性的功能植入历史风貌区内，还可以促进历史与当代的积极互动和联系，促进当地社区的文化认同，带动当地社区的文化发展。针灸式的创意型城市微更新不仅可以提升环境品质，更是可以联系、整合区域内的不同城市空间和人群，激发全社会的创意潜能，加快创意城市的建设。

3）美国伯利恒（Bethlehem）工业区的创意型更新

伯利恒是美国宾夕法尼亚州第七大城市，城市人口约 7.5 万，距离费城和纽约市分别 1.5h 和 2h 的车程。伯利恒钢铁厂成立于 1857 年，曾是美国第二大钢铁企业，是伯利恒的经济支柱，但是随着美国钢铁工业的衰落以及自身经营管理方式的失策，它于 1995 年关闭，留下了约 728.4hm^2 的废弃工业用地（约占伯利恒土地面积的 15%）和大批的失业工人。为了振兴经济、促进未来的土地再开发，伯利恒再开发部门通过了“伯利恒工程”（Bethlehem Works）项目，指定核心厂区所在的约 51hm^2 的土地范围为 20 年期限的增税融资区（tax incremental finance district）[1]，进行混合使用的再开发，其中包括商业办公、娱乐、住宅等项目，并对历史悠久的钢铁厂的高炉部分（Steel-Stacks）进行重点的保护和创意型再利用。

核心厂区南侧紧邻伯利恒南部历史街区，街区以南则是著名的里海大学（Lehigh University），且均在步行范围之内。随着投资的不断引入和里海大学的联动作用，厂区内的既有建筑不断地被创意空间所填充。在 2009 ~ 2013 年

[1] 它的特点是将特定区域内的税收增量用于支付项目的债务，有助于吸引地块的项目投资。

间，WRT Design 设计公司对钢铁厂的主体和室外场地进行了建筑和景观的更新设计，2015 年施工完成。除了对原有基地的土壤进行了生态处理，更新了大量的室外活动场地之外，还把位于高炉西侧的一座仓库（整个场地中最古老的建筑）改造为游客中心，它北侧的一栋厂房被改造为一个多功能的节庆中心，可以用于雕塑展览、创意集市和迎宾业务。在场地中新建了半室外的 Levitt 舞台剧场（每年夏季举办 50 场免费的家庭音乐会，并在非活动期间作为社区的游乐场所）、可以进行灵活使用的 ArtsQuest 演艺中心、用于阅读和影视的 PBS39/WLVT 公共媒体中心，以及由国家艺术基金会资助促进社区参与的公共艺术项目。

设计师在钢铁厂高炉的改造中尽可能地保持了主体目前的状态，尊重当下的原真性；在高炉南侧沿着生产线的方向设置了一条高架步行长廊 Hoover-Mason，历史信息和场所氛围的相对完整性让游客可以更直接地体验到它作为工业文化载体的魅力，在错位的时空环境中理解创意的价值。在整个更新场地中随处可见解释标牌和寻路设备，包括提供音频旅程、口述历史、历史图像和信息解释的交互式数字应用程序（图 4.48）。

图 4.48　更新后的 SteelStacks

早在 1993 年，厂区的一座办公楼就已经被改造成了一座高科技公司的孵化中心，许多伯利恒当地的科技企业，如 OraSure、CDO、IQE 和 Surface

Chemistry Discoveries 科技股份有限公司在此成功地发展起来，不断为当地提供新的就业岗位（Senape，2008）。2007 年，本 • 富兰克林科技公司把位于里海大学西南侧的伯利恒钢铁厂霍默研究实验室的一栋办公楼改造为了 Ben Franklin Tech Ventures，它是四个州企业孵化器计划之一，用于提供低租金的企业孵化空间和实验设施，并于 2011 年进行了一次扩建。它自创立以来已孵化了 55 家公司，共创造了 5400 多个就业机会，2012 年的总收入超过 9.84 亿美元。厂区中的住宅项目 Riverport 由原机械厂房改造而来，共提供了 172 户公寓和停车场、健身中心等配套设施，租金适宜，可以满足厂区内创意阶层职住临近的生活方式。Riverport 南侧的艺术与文化教育空间 Banana Factory 由 ArtsQuest 基金会资助，主要服务于各个年龄段和能力（包括社区的残障人士）的社区艺术家和社区的艺术教育，由位于历史街区的厂房改造而来，有画廊、展厅、艺术家工作室、教室、工艺品作坊等创意空间，是重要的艺术家孵化器和居民的教育资源。

随着在既有工业用地中一系列自上而下和自下而上的更新，创意空间不断在伯利恒南部地区出现，并主要集聚在里海大学北部核心厂区（高炉部分）所在的增税融资区，以及原钢铁厂霍默研究实验室的场地中，整个厂区成为多功能集聚复合的创意产业区和创意社区。创意型的城市更新为公众提供了如同开放课堂般的独特学习机会和体验，参与者可以从整个场地和周围社区的历史，以及对它们的保护和适应性再利用中学习，依托于创意空间的持续性社区参与和教育联系构成了城市更新的焦点之一。创意文化景观不仅吸引了大量游客和创意阶层（每年约有 150 万的参观者），低价优质的创意空间还可以为设计师、教师、科研人员等创意阶层提供学术研究和办公场所，促进当地的产业转型和升级（图 4.49）。

根据元创新体系理论，整个厂区及其周边更新后的创意空间首先是“大学—产业—政府—公众”相互作用而形成的“二级机构”或混成组织；之后，它在联系模式中又起到了双重作用：①作为共识空间，它成为联动大学、政府和公众的引擎和可持续发展的平台，形成了统一的区域发展思想与战略；②作为知识空间，厂区提供了多样的学习方式（基于视觉、听觉、触觉的艺术形式，互动与对话等），吸引并联系了大量的外地游客和当地居民；通过支撑密集的创意活动和就业岗位联系了城区南部和北部，促进了当地社区的和谐发展。

就原则性的策略而言，在联系模式中应充分利用与整合基地所在地区的文化认同、邻里、教育、产业、服务配套设施等资源优势，努力构建元创新体系和创意社区所必需的权力关系和空间结构，吸引投资以增加基地的创意空间生产，进而促进当地普通居民、创意阶层、产业、外来游客之间的密切联系。

图 4.49　厂区及其周边创意空间的分布示意

4.5　上海老街区向创意社区的更新转型

上海的居住建筑类型丰富多样（表 4.6），特别是以里弄为代表的居住建筑，它构成了上海基础的城市肌理网络；包括工人新村在内的职工住宅（老公房）是体现计划经济时期单位制的独特居住类型，也具有很高的价值。这两者基本构成了现阶段上海中心城区内可以进行社区内部城市更新的主要对象，即它们是产业区与公共社区进行整合以及向创意社区方向更新的主要对象。一方面，这些老街区对于住房所有者或者租户而言是相对廉价的维持社会再生产的生活资料，不能轻易地“抹除”；另一方面，越来越多的外来人口随着全球城市发展涌入老街区，短期内导致无法调解的文化隔阂甚至矛盾，形成了相互对立的社会空间；从创意城市的角度看，它又是青年创意阶层初创时期理想的生活、工作的空间承载体，具有转型的必要性和潜力。租户首先根据职住平衡的原则选择住房，并对通勤成本和住房成本作出平衡，位于城市中心地段的老旧住区由于其周边交通、服务的便捷性，从而形成了对一部分年轻高学历人群入住的驱动力（强欢欢 等，2016）。

但是随着城市的发展，大量新建的封闭式住宅和极化开发使得里弄街区和工人新村的居住环境和人员构成与当代的生活质量和文化想象格格不入，它们已然不是拥有较高收入的创意阶层的居住首选。而对于那些收入相对较低的年轻创意人才，这些里弄街区和工人新村等老公房因为其低廉的租金、便利的交通和优良的区位优势使得他们成为大批年轻创意人才职业生涯初期的过渡型居住地，生活成本相对较低，在一定程度上弥补了社会保障房的不足供给。这是空间与权力之间的一种平衡和双向选择，这些大多位于市中心的老住区因其较差的居住条件部分抵消了其本该较高的竞租能力，因此它的级差地租水平可以匹配需要居住于中心城区但拥有较少权力的年轻创意阶层。但是，老街区也因为逐年恶化的物质条件和安全隐患而亟待更新。

这里，老街区的创意型更新的基本思路是：一方面尽可能地留住原住民；另一方面把年轻的创意阶层作为富有活力的第三空间（中介空间）植入相互对立、异质的社会空间之间，促使社会文化群体和空间的有机联系和良性循环，从而增加社会资本和创意条件，激发全社会的创意潜能。

4.5.1 老街区的创意价值

建筑史学家肯尼斯•弗兰姆普敦（Kenneth Frampton）教授认为，“创新有待于对传统进行自觉的重新解读、收集和创造，其中也包括创新的传统，因为传统只有在创新中才能获得活力”（弗兰姆普敦，2007），即创新源于传统，传统也需要以创新的方式予以更新。因此，我们需要对上海既有的文化空间资源进行经验借鉴和活化利用。

里弄住宅为代替租界第一次房地产浪潮中所搭建的存在极大安全隐患的木板房而出现，它借鉴了西方联排别墅的行列式布局模式，又融合了传统江南院落式住宅的特征，是老上海基本的住宅类型，承担着重要的社会再生产功能。自 19 世纪 70 年代开始，上海的居住建筑先后发展出了旧式里弄（早期石库门、后期石库门、广式里弄）、新式里弄、花园里弄、公寓里弄以及高层公寓和花园洋房等类型，品质依次升高，其中以里弄住宅为主体，它构成了上海的城市肌理。从整体上看里弄空间的分布，可以作如下总结：自东向西，石库门里弄由密变疏，但遍布城区，是一张基础的肌理网络；在此基础上，空间品质从中档到高档的里弄住宅由东往西呈阶梯化、等级化的分布。但不同层次的住宅空间分布只有基本的趋势而无清晰的斑块界限，可谓“犬牙交错”（张济顺，2015）。

拿出一张老里弄地图，在中心城区任意选取一个里弄便可以发现，在五分钟步行圈（300 ~ 400m）范围内，其居民日常生活所需的功能几乎都能得到满足，这一片区就如同一个自给自足的微缩城市。根据卢汉超教授对上海四个不同区域的七处街区的调查发现，“平均 82% 的居民大部分物品是在街区商店购买的；甚至是在南京路和霞飞路这两处商业中心之间的宝裕里，离这两条马路仅仅 10 到 15 分钟的路程的一条弄堂，也只有 5% 的居民在南京路或霞飞路购买大部分的物品”（卢汉超，2004）。由于许多小工厂也位于里弄之中，很多居民甚至可以就近上班，每个里弄就如同一个典型的“邻里单元”（neighborhood unit）。

由于用地模式等原因，占有完整街坊的里弄单元不多，多数只占街坊的一部分。多样的城市功能空间不仅可以沿着里弄的沿街面分布，而且还可以沿着总弄深入到里弄内部，多个里弄之间以及里弄内部空间之间均存在复杂的耦合关系。以公共租界中区为例，在中观层面上，外滩金融区所在的地价高昂的中区依然是工业、文教医疗、居住、商业等各种功能的混杂区域。甚至在分类营业管理甚严的法租界，仍有不少品质不高的厂宅混合区毗邻着高档住宅区。近代上海，地价越高的地方路网密度越大，道路间距在公共租界中区一般在 100m 左右，法租界西区 200m 左右。小路网加上连续的沿街界面使得里弄片区内既适合步行又适宜商业，特别在中下档次的里弄外侧，沿街开店现象十分普遍。沿街居民为了生计，多采用把底层的客厅改造为商铺，楼上二、三层作为居住空间的模式。

里弄内部有着毛细血管般四通八达的路网结构。“在行列式中，每排侧面，也就是山墙一侧常设总弄，它前设置支弄，构成基本的丁字形里弄骨架，随着用地的延伸发展，有十字形、廿字形、井字形、口字形、田字形等多种形式出现”（沈华，1993）。总弄的数量与里弄的规模正相关，有些里弄有一、二条，有些可达三、四条，与城市道路发生积极的穿越和互动关系。这是人、车通行的干道，是半开放的权力空间。路过的熟人可以在此碰面寒暄；普通市民，如小商小贩，可以临时占据它并进行商业活动，它为“非正式经济”提供了一种生产和交换的场所，商业文化由此渗透进居住空间的内部，俨然一个开放性的街区。支弄较窄，尺度宜人，为邻里交往、游戏提供了半私密空间，由于每户的住宅建筑面积极少，使得居民往往把日常的家务放在后门前的支弄进行，生活气息浓郁。

这体现出一种内部的层级关系和特定的空间权力，即“随着居民（或陌生人）从完全开放的主街进入半开放的主弄堂，再进入与主弄堂相交的半私密的支弄堂，最后进入完全私密的家，他们遵循的是一种空间的递进顺序，这种顺序决定了片区不同地方发生的活动类型，尤其是在弄堂里”（布拉肯，2015）。格雷戈里・布拉肯认为，“上海里弄房这种城市建筑的社会效力也取决于其可视性，但这种可视性并非是以某中央控制塔为核心朝外辐射，而是人人都可以是观察者，也是被观察者”（布拉肯，2015），可以一眼望穿的支弄和总弄确保了邻里之间的安全与相互熟悉，增强了空间的归属感。

里弄独特的开放性空间结构使得“几乎全部的学校、妓院、旅社都在里弄内部，部分旅社仅仅伸出一个小门面到城市道路；商业用途几乎占到 3/4 甚至全部的里弄底层；大部分的浴室、货栈设置于弄堂内，且体量较大，建筑结构较好；另外，也还有一定比例的弄堂工厂、会馆和社团位于里弄内部”（万勇，2014）。此即“交换—生产—消费”的混合。又由于“递进的私密性”和特定功能空间分布的规律性，里弄的功能空间进而呈现出既高度混合又井然有序的状态。

综上所述，上海里弄街区的主要空间价值在于宜人的尺度、开放的空间结构和“递进的私密性”，这使得它可以成为理想的多功能混合的载体，功能的混合进而导致不同职业、不同阶层人员之间的便捷联系和多样化的杂居。因此，里弄街区的主要社会价值在于阶层的混合。“不同于新式公寓的更加封闭的空间模式，里弄街区允许城市中心居住人群混合的存在……从长远来看，多阶层人员的混合是社会多样性与活力的保证”（李彦伯，2014），这对于缓解老龄化、维持社会稳定也具有积极意义。根据佛罗里达关于创意城市的 3T 理论，阶层混合所具有的“包容度”（Tolerance）可以促进吸引创意阶层的入驻；反过来，创意阶层的知识分享等行为也可以促进混合社区内其他成员的再学习，激发更广泛的创意。

4.5.2 肌理存续基础上的创意空间植入

根据第 3 章的研究，房地产热潮的出现和内城更新的加速使里弄街区遭到了严重威胁，不仅里弄的物质空间遭到了破坏，它所承载的社会关系网络和生活模式也被一并抹除。20 世纪 90 年代以前，由于政府的资金投入和政策支持，部分旧区改造居民还可以享受到实物补偿和原址回迁。但是 2000 年以后，新一轮旧改的实施完全由市场承担，开发商按照极差地租效益最大化的原则进行空间生产，“货币化安置已经开始逐渐取代原址回迁，成为动迁安置的主流方式”（李彦伯，2014）。补偿款与节节攀升的房价之间的差距越来越大，因此补偿款无法让原住民负担起在原址或其附近购房，而政府的缺位和保障性住房建设的滞后导致了作为弱势群体的居民与作为强势群体的开发商之间直接的权力博弈，社会矛盾激化。近年，由于用地管制力度加大、土地开发的拆迁成本快速上升等原因，内城的更新速度放缓，但是若不采取有效的行动，这些现存旧街区的老化和活力的下降将在所难免，因此这就需要我们结合新的城市发展思路去探索新的里弄街区的更新方式，解决民生问题的同时提升城市的竞争力。

截至 2012 年，上海现存的里弄建筑总计 1905 处，其中旧式里弄 1210 处、新式里弄 551 处、公寓里弄 11 处、花园里弄 133 处（张晨杰，2015）。上海中心城区还剩余成片二级旧里以下房屋 540 多万 m^2，涉及居民约 27 万户；剩余零星二级旧里以下房屋 80 多万 m^2，涉及居民约 3 万户（郑莹莹，2014）。这就要求我们在保护好上海现存的这 1900 多条里弄的前提下，对其进行适当的“中产阶级化”更新——留住原住民，植入创意空间，引入创意阶层。

李彦伯副教授在发掘上海里弄街区价值的基础上，根据未来功能定位与里弄街区的空间状态这两个范畴，提出四类更新模式的策略矩阵（表 4.4）。第一种模式保持街区住宅功能不变，第二种模式在空间状态不变的前提下改变里弄街区现有的功能定位，第三种模式保持居住功能不变，但可以对里弄街区的空间格局与形式进行重整，第四种模式选择性地于适当位置对个别街区进行功能置换，用新的功能元素提振周边里弄街区活力（李彦伯，2014）。

更新模式综合选择　　　　**表** 4.4

空间类型	功能保持	功能改变
空间状态保持	一	二
空间状态改变	三	四

来源：李彦伯 . 上海里弄街区的价值 [M]. 上海：同济大学出版社，2014：307.

这里笔者主要关注于第四类模式，它强调对既有建筑的选择性拆除和创意空间以及公共设施的植入，设计和实施的难度高，但可以综合前三类模式的优点且回报产出率高，已经越来越多地成为上海内城更新的选择。

这里以上海市黄浦区高福里旧区改造地块方案设计为例，来探讨里弄街区创意型更新的空间策略。高福里地块占地约 3.4hm^2，位于瑞金一路以东、巨鹿路以南、长乐路以北，紧邻延安高架。新天地商圈、淮海中路商业街距离地块 1km 之内，人民广场、静安雕塑公园、静安寺商圈、上海文化广场、上海交通大学距离地块 2km 之内。地块内分布有高福里、晋福里、同福里等大小里弄 12 个，分属不同的文物保护建筑等级，建筑面积约 5.2 万 m^2（折算面积约 4.6 万 m^2），涉及千余户居民。也正是由于它极佳的区位条件和复杂的权力关系，高福里自 2003 年首次启动旧改动迁程序起将近 15 年的时间内都未取得实质性的进展。在原作工作室介入之前，对整个地块进行拆旧建新的设计方案已经被文物保护和规划部门否决，但是若不对地块容积率进行大幅度的提升，开发商则很难达到收支平衡。因此原作工作室采取了中间策略，在尽可能多地保留既有建筑的前提下，植入高层建筑，增加建筑面积。首先需要明确高层建筑的可建范围，它有两个制约条件，一是文物保护建筑的分布和建筑价值的评估（图 4.50），二是有关日照、退界、间距等硬性指标规定（图 4.51）。通过分析基地内文物保护建筑的等级分布和每个里弄的现状容量，对基地内新里、旧里、洋房、沿街阁楼的建筑价值进行分项（经济、美学、生态、历史、文化、社会情感）和总体评估，确定了优先保留“保护历史建筑”和综合价值较高的建筑的原则；再结合城市规划管理技术规定的有关要求，确定了高层建筑在基地西北部的可建范围。

然后要对余下需要保留的里弄进行进一步的改造再利用，兼顾美观和实用性。经过现场调研，项目组发现了如下问题：①许多建筑年久失修、结构

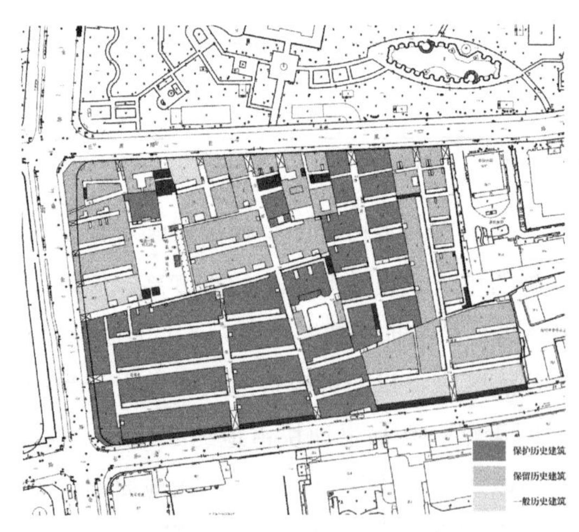

图 4.50　高福里文物保护建筑的等级分布示意
（图片来源：原作设计工作室）

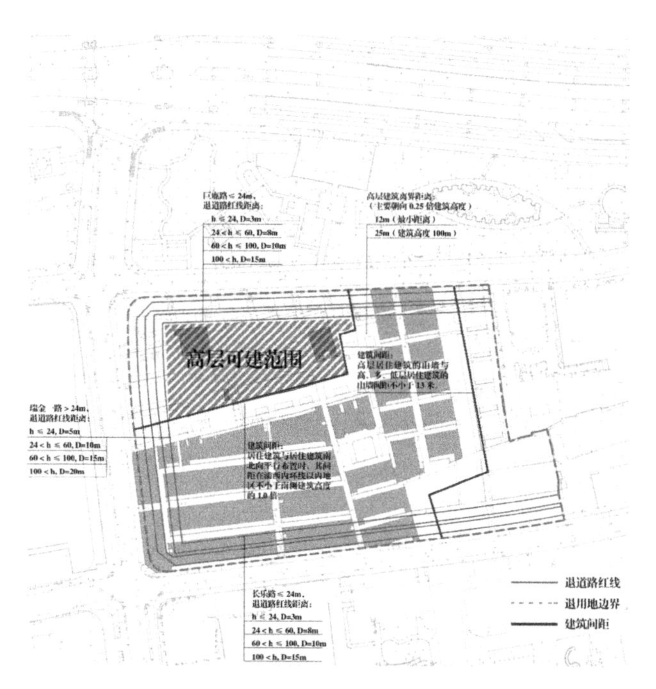

图 4.51　高层可建范围分析示意

（图片来源：原作设计工作室）

损坏严重，已经无法进行有效的修缮改造；②建筑间距过于狭窄，很难满足基本的通风、采光、防火等日常使用需求。因此，在保留里弄整体肌理的前提下，结合每个建筑的自身条件，分别采用“原址修缮、原址复建、整体平移、移位复建、肌理重现和新建”的不同更新策略；具体而言，原址修缮采用整旧如旧、翻新创新的策略；原址复建采用原址原貌、落架重修的策略；整体平移策略首先对砖木结构进行整体打包、建筑底部整体切割，再通过实时监测缓速移动到指定地点（上海音乐厅的保护性迁移是一个典型案例）；肌理重现则不囿于建筑的立面形式，而是主要通过体量、形态和材料等建筑基本语言与场地寻找延续关系。通过因地制宜、多层次的更新策略，一方面保留了场地肌理脉络，延续了空间情境；另一方面对既有建筑进行了局部拆除，从而扩大排距、拓宽主弄宽度，满足了未来使用的需求，提高了原住民和未来创意阶层的生活工作条件（图 4.52、图 4.53）。

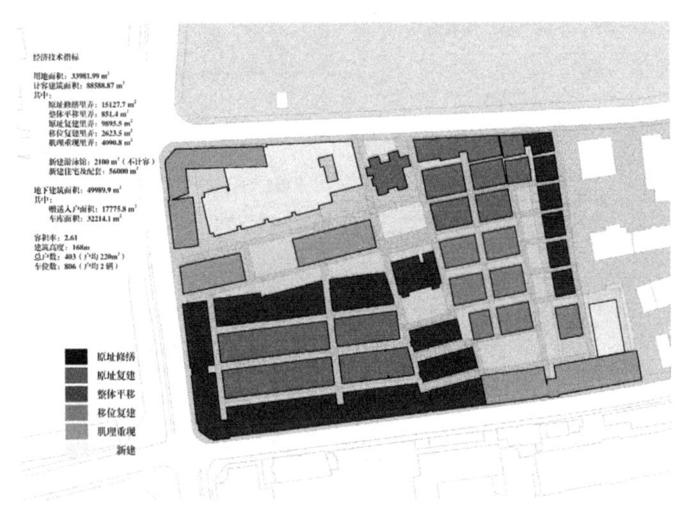

图 4.52　不同的建筑更新策略示意

（图片来源：原作设计工作室）

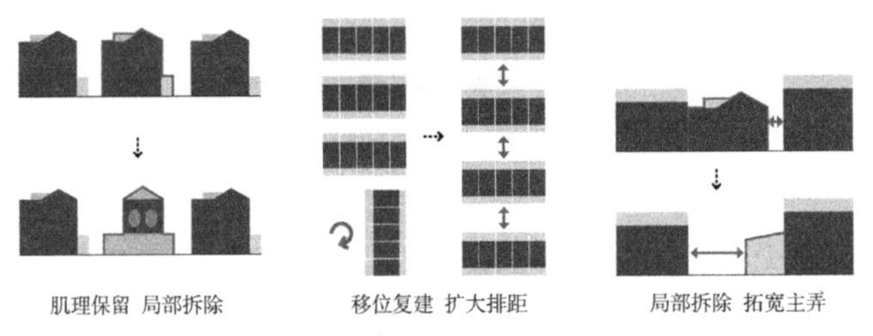

图 4.53　间距策略示意

（图片来源：原作设计工作室）

根据上述设计策略，容积率比更新前增加了将近一倍，达到了 2.61；最终得到总计容建筑面积 88588.87m^2，其中原址修缮里弄 15127.7m^2，原址复建里弄 9895.5m^2，整体平移里弄 851.4m^2，移位复建里弄 2623.5m^2，肌理重现里弄 4090.8m^2；新建游泳馆 2100m^2（不计容），新建住宅及配套设施 56000m^2，共 403 户；保留里弄的面积占原里弄建筑面积的 70.3%，占计容建筑面积的 36.8%（图 4.54、图 4.55）。

通过这个概念方案，开发商有了足够的容积率进行利润产出；居民破败的里弄住宅得到了修缮改造，不同类型的创意空间可以入驻其中，从而增加了社区的创意活力；城市的风貌得到了最大限度的保护，政府部门的要求也得到了满足。在基地内，具有完整住宅产权的原住民可以通过补差价的形式进行原址回迁，缓解由新建住宅项目所导入的大量创意阶层所引发的中产阶级化现象。但是由于项目进程的原因，项目组并没有介入原住民的产权变更、不动产股权化、职住一体经营单元等空间权的运作和具体创意项目、一定比例公租房的引进工作，在下一章中，笔者将着重对创意型城市更新的权力机制进行论述，以实现空间构想。

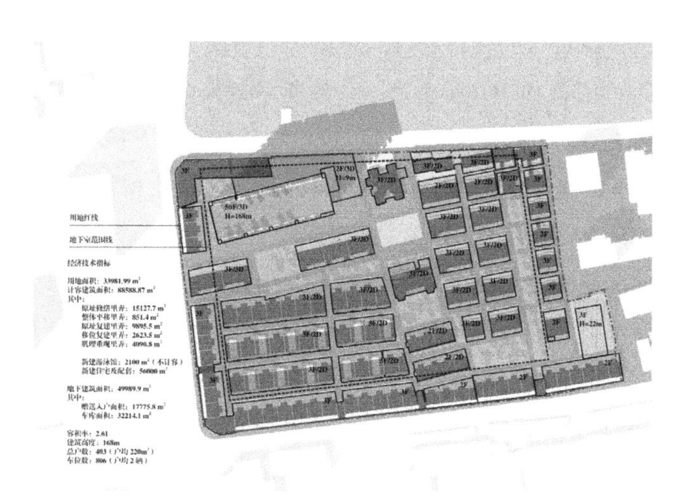

图 4.54　高福里方案总平面图

（图片来源：原作设计工作室）

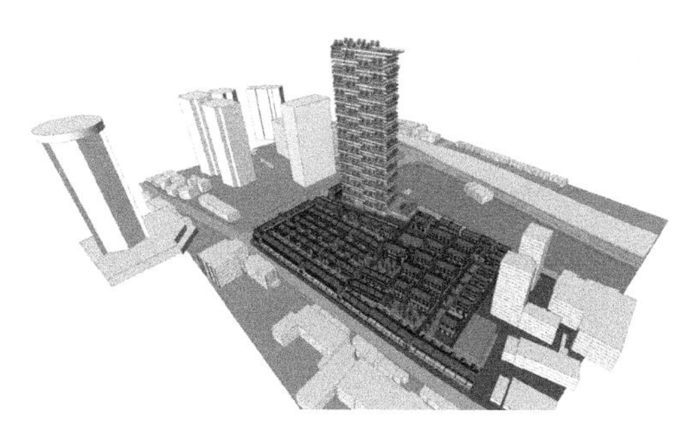

图 4.55　高福里方案鸟瞰图

（图片来源：原作设计工作室）

第 5 章　权力维度：多元主体参与下的创意型城市更新

权力关系是影响空间分布和空间现象的主要因素，因此权力机制的设计在城市更新的 CPS 框架中至关重要。这需要一系列组织机构的重建和规则的制定，以及相关行动者的能动性发挥。这里涉及公共权力和私人权力的互动，社会资源的再生产和重新分配，其中政府的引导、管控和市场的调节对于资源的再分配和权力的转移起着决定性的作用。

在本章创意导向下的城市更新中对于资源和权力的研究，笔者主要关注权力主体的界定、行动者的参与机制、产权（property rights）的优化、分配模式的重新构建等内容，从而为前一章对于空间模式的研究找到可实施的战略决策依据。从政治经济学的角度而言，本章的主要目标是寻求创意外部性的控制方法和空间模式创新的激励机制。

5.1　创意型城市更新中的利益相关者

顾哲、侯青根据对城市更新中产生的排他性利益和公共利益的关注度不同，把参与城市更新的权力主体分为在地型的“局内人”和地外型的“局外人”两种，进而将政府、市场、社会的三元架构划分为区域政府、地方政府、开发商、在地型个体、地外型个体和社团组织；其中，区域政府是力不从心的监督者，地方政府是少有制约的决策者，开发商是城市更新中地方政府的合作者和主要的执行者，在地型个体是忐忑的接受者，地外型个体是“虚弱”的同情者，且社团组织的影响力羸弱；这进而导致了目前中国的城市更新中“政府—市场—社会”三元构架中不同的利益集团在权力地位上处于失衡状态，使某些集团的利益声张存在障碍（顾哲 等，2014）（图 5.1）。

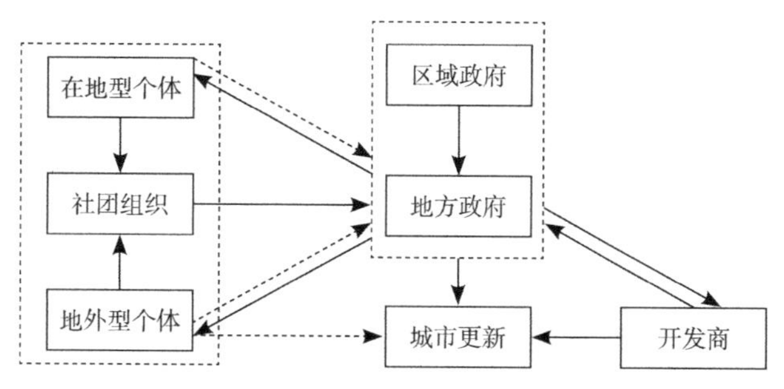

图 5.1　城市更新中参与者的关系

（图片来源：顾哲，侯青 . 基于公共选择视角的城市更新机制研究 [M]. 杭州：浙江大学出版社，2014：59）

上述论点是对目前中国城市更新中权力主体关系的一般性论述，但是对于上海的创意型城市更新而言情况又有所差异。首先，对于政府而言，直辖市上海早在 2010 年就已不再考核区县的 GDP 指标；2015 年上海市政府工作报告率先取消了 GDP 增长目标，并强调 2015 年上海将加快向具有全球影响力的科技创新中心进军，全社会研发经费支出相当于地区生产总值的比例要达到 3.6% 以上（戚轩瑜，2015）；因此，处于“城市有机更新”和“内涵式增长”的上海政府不可能放任土地财政和粗放式增长的老路，建设创意城市的客观需求必然倒逼政府进行相关的经济和政治资源的优化配置，寻求更民主全面的合作模式。其次，对于开发商而言，参与创意型城市更新的开发商类型将有别于传统型的地产开发商，它会更加多样化和可持续性，大学等教育机构也将更多地参与到城市更新的进程中。再次，上海的创意阶层数量众多并且分享着更深层次的文化认同，与更广泛的权力集团或个人保持着更高层次的联系，因此他们作为创意型城市更新的直接或间接的参与者必将会形成强大的推动力和制衡作用。

5.1.1　政府

“在中国，地方政府是城市更新中土地交易市场的主体，同时也是规划实施和管理的主体”（顾哲 等，2014），根据大卫•哈维对资本流通路径的论述，国家或政府可以通过城市更新让资本进入固定资本和消费基金所构成的二级循环来快速获得巨额的财税回报，如土地使用权的出让或转让，进而再进行三级循环中的社会支出和科技创新的投入。以土地财政或地产导向的城市更新更加重视二级循环中的GDP产出，而以创意为导向的城市更新则更加注重二级循环的成果对创意生产所在的一级循环的支持，并会加速资本向创意投入所在的三级循环转移和再循环。这涉及资源的多向流动和多元主体的共同参与，但是目前“在上海减量化的实践过程中，政府扮演着‘全能’的角色，地方政府掌握治理过程中的几乎所有资源”（郭旭 等，2018），这导致了有限的资源得不到高效合理的配置，无法调动社会各方的积极性。

因此，由管制型政府向服务型政府的转变是上海顺利推进创意型城市更新和全面建设创意城市的必由之路。根据刘翔博士的研究，构建服务型政府包括服务型政府文化的塑造、服务型政府职能体系的确立和公共服务体系的健全三个方面；其中，政府职能体系的确立是核心，它需要通过运用市场化、社会化、法治化的手段来实现政府职能，尽量避免运用直接干预的行政手段，并通过积极与各社会治理主体合作互动等方式进行政府职能的有效转换；通过适当增加公共服务相关部门，同时大幅度精简各类经济管理部门、合并分散的行政执法部门进行政府机构的优化设置等（刘翔，2010）。基于此论点，针对创意型城市更新的要求，目前上海市的政府权力组织主要存在以下问题。

（1）政府机构分工过细且职能交叉，因此无法快速有效地推动创意型城市更新，且增大了后期评估管理工作的难度

目前，上海市人民政府设置工作部门44个，其中市政府办公厅和组成部门22个，直属机构22个。若按城市创意领域的组成进行界定，那么在物质空间层面，上海创意型城市更新将涉及8个政府工作部门和直属机构，其中包括住房和城乡建设管理委员会、环境保护局、规划和国土资源管理局以及绿化和市容管理局。若考虑经济和文化的因素，还要包括经济和信息化委员会、教育委员会、科学技术委员会、人力资源和社会保障局、文化广播影视管理局、新闻出版局、旅游局和知识产权局8个政府工作部门和直属机构。按目前上海市市长、副市长工作分工状况，这些权力部门将跨越6位副市长（目前上

海一共 1 位市长、8 位副市长）的分管领域，共涉及 16 个政府工作部门和直属机构。而纽约进行类似的创意型城市更新工作则只要涉及 2 个副市长（第一副市长和经济发展副市长）分管的共 6 个政府部门，且公共服务部门的比重很大。不仅如此，上海各个区政府的组成部门与市政府基本保持了对口对等的状态，行政资源冗余，且各区政府的职能相对独立，具有明确的行政边界，条块之间、区与区之间很难形成有效的协作状态。

然而创意的开发是一项整体性和复合性的工作，创意型的城市更新是覆盖全市的长期战略，分割化、条块化、交叉化的政府权力部门设置必然与创意型城市更新的要求相违背。因此，上海市政府应当进一步深化机构改革，精简机构、明确分工、大部门化，健全综合事务管理的高效行政机制。

（2）过分强调政府的“权威型”治理，与公众互动不足，因此自上而下的城市更新经常无法有效解决公众的切身问题，而且浪费了宝贵的社会创意资源

虽然在城市管理和土地开发中一直强调“公众参与”，但是目前的情况大多是开发商、政府、专家先来商议，商议结束后再告知居民等基层利益相关者，民众的知情权和参与决策的积极性无法通过几次的“事前征询”和规划公示等制度得到保障和满足。根据阿恩斯坦的“公民参与阶梯”理论，这仅仅是“象征性的参与”，没有实质性的权力伸张，同时也在无形中放大了各主体之间的矛盾，增大了城市更新工作的阻力。此外，许多政府政策出台和废止前不仅没有征询公众意见，而且朝令夕改，造成了资源浪费和社会矛盾。例如，上海于 2016 年 12 月 22 日忽然暂停了公寓式办公楼的规土管理各项审批事项的审批，并于次年 5 月 17 日下午发文要求对既有“类住宅”项目进行分类整治。类住宅被叫停前已经在上海市场上存在十余年，产品主要针对倾向于在家办公的创意阶层和小微企业，可以有效达到职住一体的功能需求，在某种程度上属于创意空间的范畴。而忽然对既有 1700 多万 m^2 的类住宅进行整改不仅让业主和开发商蒙受了损失，激化了社会矛盾，也造成了创意空间资源的浪费和土地的不合理利用。

因此，权力机制的设计必须保障基层民众（包括创意阶层）的空间权，加强他们在城市更新中的参与度和权力，同时明确政府权力的边界，建立政府、

市场和公众多元权力主体分工协作的公共事务治理模式，利用多向资源的再分配去促进创意空间的生产。

5.1.2 开发商

开发商代表了市场的力量，是城市更新的主要实施者，主要的职责在于通过空间商品的生产最大限度地获取剩余价值。一方面，若无有效的制度约束和监管，开发商排他性的利益将远远大于社会的公共利益，造成项目的负外部性，损害城市的创意氛围；另一方面，开发商具有政府人员和公众所不具备的专业能力，通过高水平的项目策划、方案设计和资本运作，可以做到项目的商业利润和正外部性兼得，促进创意的发展。例如，2013 年，万科集团总裁郁亮提出公司将从纯粹的房地产开发商转型为城市配套服务商；2017 年 3 月 30 日，万科在上海的首个城市中心旧改项目——“哥伦比亚公园”正式由 OMA 事务所改造完毕，进入招商和企业入驻阶段，它将聚集一批新媒体、新文化、新金融企业，打造融历史文化、工作、生活、运动和娱乐等多重元素于一体的创意社区（唐韶葵，2017）。以公共利益和创意为导向的强制与激励政策的构建，以及开发商的市场优势和社会责任感的充分发挥在此至关重要。

由于每个开发商的背景和业务侧重不同，对创意的开发能力和作用也不尽相同，如上海同济科技实业股份有限公司是由大学校办企业组建且校方主要控股的开发公司，在环同济经济圈的城市更新中发挥了重要作用。此外，市场上还出现了以创意空间生产为主要业务的开发商，如上海锦和商业经营管理股份有限公司，它主要通过引入创意产业对城市既有物业进行改造，开发运营了上海多个创意空间。

5.1.3 公众和社会组织

具体的城市更新项目会把公众大致分为在地型个体和地外型个体两类，对于局内人的前者，他们符合“理性经济人”的假定，多是在城市更新中追求切身利益的最大化，往往会与行会、基层社区组织、小区业主委员会等密切联系，并借助它们发声；对于局外人的后者，他们从自身的间接利益出发，更多地关注城市更新所带来的公共利益。本质上，创意型城市更新主要关注于城市整体竞争力的提升和城市公共利益的实现，但也无法回避公众基本的空间权利和排他性利益的保障，这同样也是创意城市建设的内在要求。因此，创意型城市更新一方面需要尊重个体的合法权利，完善利益直接相关者的空间权的制度保障；另一方面应该以维护和实现社会公共利益为目的，增强对创意阶层和创意空间建设的支持力度，进而提升公共产品和公共服务。

伴随着单位社会向公民社会的转型，非政府、非营利性的社会团体、民办非企业单位、基金会和慈善组织等社会组织发展迅速。截至“十二五”末期，上海全市登记社会组织 13355 个，年均增长 6.1%，平均每万名户籍人口拥有社会组织数达到 9.3 个，平均每万名常住人口拥有社会组织数达到 5.5 个（上海社会组织，2017）。它们作为相对独立于政府和企业之外的第三方社会力量，善于调动公众自身的能动性去解决政府和企业无法解决的问题，成为公民社会的有力支持。但是公民文化的缺失与对社会组织文化认同的不足导致我国社会组织发育的先天困境，进而造成了浅层次上资源供给不足的成长动力困境，以及深层次上制度建构滞后的发展保障困境（石国亮，2011）。其中，制度性的障碍具体表现在“业务主管单位和登记机关双重管理制度的阻碍；非竞争原则和跨地区限制原则的阻碍；重大活动的请示报告制度和年检制度的阻碍”（崔月琴，2009）。这就造成了目前国内较有影响力的社会团体多为官方背景，主要履行政府作为主要出资人无暇或无力承担的工作职责，具有明确的事务性和边界，缺少真正的公益性和志愿原则，限制了社会人员的灵活性和能动性，而不依赖政府支持的社会组织大多面临着资金供应不足等一系列的困境。目前在上海鲜有能够直接参与城市更新项目的社会组织，除政府机构和企业之外的组织实体多为事业单位，但仅仅依靠有限的事业单位资源很难取得广泛且实质性的成果。集合创意阶层力量的社会组织主要是与职业相关的各种行业协会，但是上述的问题和局限性又使得这些行业协会并未成为创意阶层权利的有效保障和阶层权力的组织力量。

因此，政府权力的下放、行政干预的减弱、多样化资金的来源是促进社会组织进一步发展的关键。

5.2 案例研究：创意空间生产的权力关系分析

根据主导创意空间生产的权力主体的不同，创意导向下的城市更新可以分为自上而下和自下而上两条路径。前者是由政府或大开发商主导，强调权威型的治理、成片开发（巨额资金投入）和快速收益，物质成效显著但普通民众和创意阶层的参与度低，目前上海的创意空间绝大多数都是通过此路径生产；后者由社会基层的力量推动，普通民众和创意阶层的参与度高，经济和社会成本低，而且最容易激发创意活力和效益，纽约苏荷和上海田子坊的创意空间生产就属于此类。本节通过分析各个权力主体在苏荷、田子坊两地创意型城市更新中的关系及其缺陷，进而提出两种路径相结合的多元主体的参与框架。

5.2.1 纽约苏荷创意空间的发展历程

参与并影响到苏荷创意型城市更新进程的权力主体主要有五类：①房东，即房屋产权的所有者，包括现存的工业企业和个人；②租客，包括大部分的艺术家和部分非艺术家，以及工业企业租户；③大小开发商；④政府，包括政治家、城市规划委员会等；⑤学者和非政府性的社会组织。其中，前三类主体是空间权利的直接相关者，各自都期望通过城市更新去争取排他性的利益；政府通过制定规划、颁布法案在它们之间起到协调和制衡的作用，争取公共利益的最大化。

5.2.1.1 创意空间的萌发与困境（1960 ~ 1969 年）

苏荷工业企业的外迁为艺术家们腾出了空间。当时苏荷地区的产业结构成形于 20 世纪初，主要从事废物（布料、纸制品等）回收、仓储以及一些轻型制造业，这些传统行业在全球化市场中的竞争力越来越弱，业务逐渐被转移外包。此外，19 世纪建造的铸铁阁楼在荷载承受力和空间上毫无优势，建筑内部无法安装电梯，外部街道又较为狭窄，无法提供高效的现代化生产条件。因此，无论从产业结构还是从硬件条件上来看，苏荷的工业企业都面临着困境。中产住宅和高速公路项目让这时的苏荷地区的工业企业和艺术家直接面临生存危机。

1963 年，城市规划师切斯特 • 拉普金（Chester Rapkin）关于苏荷区工业企业的研究报告称工业企业能够为邻里提供必需的工作，特别是为低收入的非洲裔美国人和拉丁裔工人阶层，而这受到了原本就处于种族冲突和激进左派运动浪尖上的纽约政府的重视，中产住宅项目由此暂停。另一个更大的威胁来自从 1920 年就提出的横穿曼哈顿下城，连接新泽西和长岛的十车道高速公路项目，它受大卫 • 洛克菲勒、曼哈顿下城联盟等大财团，以及罗伯特 • 摩斯（Robert Moses）、纽约大学等具有重要政治影响力的权力主体的鼓吹和推崇，并于 1956 年重启。他们以工业区的经济衰败、建筑空置和安全隐患为由，利用巨大的影响力游说政府和社区组织，期望借助下城的大范围拆迁和基础设施建设为各自的商业、金融、教育、房地产等产业提供新的拓展空间。然而这个典型的“城市复兴”项目立即遭到了城市规划委员会、社区居民、以简 • 雅各布斯为代表的学术界人士、新艺术家居民以及部分宗教和政界人士的反对，他们的观点主要集中于建筑遗产保护、就业和低收入人群保护、邻里关系维护、社区稳定等方面。各方权力主体展开了激烈的博弈，其中城市增长联盟以其强大的权力优势占据了上风，并说服当时的市长罗伯特 • 瓦格纳（Robert Wagner）于 1964 年底推进项目进程。但就在苏荷将要被整体拆除之时，政府换届使得权力的天平倒向了反对的一方，1965 年，在竞选时支持高速公路项目反对者的国会议员约翰 • 林赛（John Lindsay）成功当选纽约市长，并于次年 7 月把罗伯特 • 摩斯从城市高速枢纽协调员的位置上撤下，加之后来的环评未通过，项目最终搁浅。

在 20 世纪 60 年代，艺术家不仅面临着物质空间被整体拆除的威胁，同时还面临着更直接的挑战——被驱赶。一方面，苏荷的几场火灾让城市管理部门注意到艺术家正大面积违法群居在工业建筑之中，既违反区划法又违反建筑规范；另一方面，不断增加的吸引力让拥有工业建筑产权的房东经常以不合法的居住为由肆意增加房租驱赶艺术家以寻找出价更高的租客。因此，个体权力较为羸弱的艺术家们组成了“艺术家租户协会”（Artists Tenants Association，简称 ATA）游说政府，称创意可以构建一个充满活力的社区以推动城市的经济和文化认同感。1964 年 5 月，地方领导人支持并承认艺术家的住房需求和对经济的贡献，通过修改《纽约州多户住宅法》，允许“认证的艺术家”居住在纽约的工业阁楼。虽然这个许可是临时性的且不完整，但它表明艺术家正在获得更多政治权力的支持。

从权力关系上分析，苏荷创意空间看似自下而上的发展轨迹从一开始就不仅仅由艺术家决定。首先，它存在的前提是纽约政府对传统工业企业、低收入的少数族裔工人的生存诉求同城市发展联盟（开发商、大财团等）的牟利需求之间的矛盾进行平衡的结果；其次，艺术家群体以及各路学者、非政府组织通过说服政府人员、主流媒体而对权力关系的改变起到了至关重要的作用；最终，在政府的默许和部分支持下，艺术家能够先于大开发商、投资人，并克服了推倒重建式的城市复兴项目的压力，在权力博弈所形成的空间的缝隙中开始进行自下而上的创意型城市更新（表 5.1）。

创意空间萌发阶段的权力博弈关系解读（1960 ~ 1969 年） **表 5.1**

权力主体	对创意空间的态度和需求	博弈行为	空间结果	是否达成目标
房东	欢迎对空房的入住改造，收取租金	观望	创意空间得以保留，艺术家租客的空间使用权部分得到合法化	是
艺术家租客	看作是自己的生活—办公一体化的低租金保障房	组成 ATA 进行自我宣传和游说政府		部分
开发商	用大型地产项目替代现有创意空间	拉拢政界人士，向反对者施加压力		否
政府	不明确反对，且需要平衡各方利益	上届政府支持开发项目，下届政府支持创意空间的存留		部分
学者和非营利组织	支持既有建筑的保护和创意型改造	利用媒体和有影响力的政治人物反对大型开发项目		是

5.2.1.2　创意空间的扩展（1970 ~ 1979 年）

1970 年，纽约时报首次用 SoHo 这个名称来指代休斯敦街以南艺术家集聚的这片区域，这不仅标志了苏荷作为新兴的创意空间集聚区已经得到社会的广泛关注，同时也标志着苏荷艺术家群体正在形成广泛且稳定的文化认同，以及不断加强的空间权力。但是艺术家群体又面临着新的问题，主要集中在居住合法性的进一步落实和租金这两个方面。因此，在城市发展联盟正式退出后，苏荷的权力关系发生了转变，矛盾已经转变为艺术家、房东、政府之间的矛盾，而政府并非是苏荷空间生产的直接参与者和利益相关者，所以艺术家如何处理好与政府的关系，从而借政府的权力赢得空间权是其最需要关注和研究的。

图 5.2　SAA 成员的内部讨论会

（图片来源：https：//urbanomnibus.net/）

一方面，继“艺术家租户协会”后，1970 年苏荷艺术家协会（SoHo Artists Association，简称 SAA）成立了（图 5.2），它主要是服务于这个地区拥有或租用阁楼的艺术家利益，保护艺术家免受大型房地产开发的影响。为此，艺术家协会利用会员们的各种社会和政治关系，与任何涉及监管或立法活动的私人或政府机构打交道，扭转对苏荷不利的分区、规划和检查，通过保持苏荷地区土地的混合使用来维持艺术家们人人可负担得起的创意社区。其中，改变纽约市的区划决议（zoning resolution）是重要的目标。终于城市规划委员会在 1970 年的 10 月修改了区划，把原有的地块分为了 M1-5A 和 M1-5B

两个区。最终，新修改的区划法在1971年1月生效，通过一定的入住年限和房屋居住面积的限制，两个区的艺术家住宅均被合法化了。

另一方面，政府不仅合法化了艺术家入驻苏荷，还通过诸如1976年施行的J-51税收激励政策来鼓励私人业主进行住房的改造，它可以有效防止大开发商大批量地收购工业阁楼进行房产投机，使得入驻苏荷的艺术家数量暴增（当然也包括大量的非艺术家）。艺术家不断地在苏荷集聚形成了独特的艺术氛围和吸引力，与艺术家相关的商业画廊、非营利艺术机构和跨学科的艺术空间在苏荷大量出现，这个现象在纽约尚属首次，以前纽约的艺术品经销商总是开在有钱人，即潜在的艺术品收藏者居住的地方，如上东区第五大道的周围。苏荷区在1970年时有5家画廊，1973年时有80家，到1979年底则超过了100家，创意空间的扩张速度惊人。苏荷有许多收藏和展览水平极高的商业画廊，营业额和利润极为可观，除此之外几乎所有的苏荷艺术合作社（cooperatives）都是非营利的，这些非营利性画廊和艺术机构在苏荷的开业基本受惠于政府和一些私人基金会的资助，作为回报，这些机构主要通过争取私人、基金会和公司的免税捐款而为资助人牟利。

苏荷的阁楼对于艺术家而言不仅是居住和创作的地方，它还是一个向外人展示作品的橱窗和举办艺术活动的舞台。1970年5月，苏荷艺术家协会与市公园、娱乐和文化事务部合作组织了苏荷艺术家节。节日中游客可以在苏荷区的阁楼、画廊和街道上观看艺术表演，其中有70多位艺术家工作室向公众开放。之后，苏荷对于公众而言就像是免费的艺术馆，吸引了大批的参观者，媒体也争相报道着苏荷的生活方式，独特的艺术氛围使它成为当时纽约炙手可热的创意街区。

这个阶段苏荷的艺术家通过组成准自治的团体来争取稳定的空间权，同时纽约不断增加的发展创意经济、增强文化资本的需求在客观上也增加了艺术家的权力和话语权。这使得艺术家能在一个特定且稳定的权力空间内培养文化认同、构建空间情境，从而大范围地传播了苏荷的创意和生活方式，引起了全社会的关注。同时，艺术家自身对工业建筑的投资随着苏荷热度的增加吸引了越来越多来自政府和社会的艺术性投资以及其他的投机性行为，这加速了苏荷“中产阶级化”的进程。到1975年，阁楼的租金已经达到市面上正规公寓的租金（Zukin，1982），“苏荷效应”即将出现（表 5.2）。

创意空间扩展阶段的权力博弈关系解读（1970 ~ 1979 年）　　　　**表** 5.2

权力主体	对创意空间的态度和需求	博弈行为	空间结果	是否达成目标
房东	期待更高的租金回报率	开始选择出价高的非艺术家租客和投资者	创意空间得以继续发展并引起了广泛的社会关注	部分
艺术家租客	进一步争取对创意空间合法的使用权	组成 SAA 继续游说政府，并组织一系列的艺术活动		是
政府	认识到创意空间对经济的促进作用，支持既有建筑的创意型改造	变更区划，同时鼓励市场化的改造行为		部分
画廊等艺术机构	加入到苏荷艺术家打造的创意氛围之中	接受政府的艺术资助，并组织艺术活动		是

5.2.1.3　创意空间的退出（1980 年至今）

虽然苏荷的艺术家通过自组织成功地取得一系列的空间权利，但由于存在管理上的弹性和法规漏洞，诸如从事广告和出版业的创意阶层（不是传统意义上的艺术家）发现阁楼生活越来越有吸引力，华尔街的有钱人也开始搬进苏荷，而政府又未能及时介入，实际上从 20 世纪 70 年代中叶开始苏荷的房产价值和租金便已经开始快速上升，餐厅和精品店开始大量地出现。自 20 世纪 80 年代以来，苏荷已经发展成为纽约市最昂贵的社区和高档零售区之一，而对于 1974 年之后搬进苏荷的大部分艺术家而言，他们基本没有纽约租金稳定（rent stabilization）政策的保护，因此大多数的艺术家和画廊在这时纷纷离开。

苏荷对工业建筑多用途改造的更新模式得到了政府和开发商的青睐，随着 1982 年纽约阁楼法（Loft Law）的通过，工业阁楼改造为住宅成为城市开发的一种正规手段，纽约市阁楼委员会核准了曼哈顿 65 万 m^2 可以合法转换为住宅的改造存量，且根据州法律所有的合法阁楼建筑均享有传统公寓的保护政策，阁楼改造已经开始成为全面市场性和社会性的行为。其实早在 1975 年 10 月，城市规划委员会就颁布了紧邻苏荷南北的翠贝卡（Tribeca）和诺荷

（NoHo）的新《区划法》，允许这些区域的建筑物以类似于苏荷的方式进行工业建筑生产性的改造，且改造后的空间使用权归属不局限于艺术家，阁楼改造已经成为全面市场性的行为。

纽约的阁楼政策反映了政策制定者的两难抉择。一方面，政府各部门显然希望控制阁楼的发展进程，并将改造活动纳入法律所允许的范围；另一方面，在财政危机的背景下政府也有强烈的意愿鼓励城市的开发建设和不断增长的阁楼房地产市场。尽管为艺术家和工业企业租户提供了保护，但制定的政策仍然更倾向于让阁楼开发扩展到整个城市范围，这使得非艺术家合法地生活在曼哈顿的大部分阁楼中。实施全市范围的阁楼政策表明，决策者认为阁楼改造是一项城市发展战略，具有振兴纽约各街区的潜力。但它使得生活在苏荷乃至曼哈顿阁楼中的创意空间被市场打散，自下而上形成的创意社区遭到瓦解，阁楼不再是艺术家独享的经济适用房，而是每个人都可以购买的商品房。如今的苏荷住宅售价要比周边相似区位条件的独立产权公寓（condos）贵 20% ~ 40%，而且更多的空间被奢侈品商店、精品店、高档餐厅等高消费场所占据，其中商店 300 多家，餐厅 90 多家，画廊仅存 40 余家，往日的创意氛围早已消失殆尽（表 5.3）。

创意空间退出阶段的权力博弈关系解读（1980 年至今） **表 5.3**

<table>
<tr><th>权力主体</th><th>对创意空间的态度和需求</th><th>博弈行为</th><th>空间结果</th><th>是否达成目标</th></tr>
<tr><td>房东</td><td>期待更高的房产价值回报，无视创意空间的经营和生存状况</td><td>驱逐艺术家，与出价高者进行市场性的房产交易</td><td rowspan="4">苏荷的房产价值快速提升，创意空间逐渐被替代，产生了“苏荷效应”</td><td>是</td></tr>
<tr><td>艺术家租客和画廊等艺术机构</td><td>既想得到对创意空间完整的使用权，又想维持较低或可负担的租金水平</td><td>对政策产生矛盾的心理，但无能为力</td><td>否</td></tr>
<tr><td>政府</td><td>支持既有建筑的创意型改造，但更鼓励全市地产业的发展</td><td>介入迟缓，默许广泛的市场行为</td><td>部分</td></tr>
<tr><td>非艺术家租客和投资者</td><td>既被创意空间的氛围吸引，又被它的房产潜力吸引</td><td>纷纷前来投资</td><td>是</td></tr>
</table>

5.2.2　田子坊创意空间的发展历程

“推土机式”的空间生产是 20 世纪 90 年代上海城市更新的主导模式，然而田子坊的更新不仅留下了物质空间，而且维持了原住民的社会关系网络，即在保持社会空间较大完整性的前提下完成了功能转换，并植入了创意空间，还成了 2005 年上海市第一批挂牌的文化创意产业集聚区。日本学者徐春阳认为，“田子坊是一种‘自下而上’的、由多层次民间主体共同参与的、通过与政府部门协调得以实现的城市改造先行之路”（苏秉公，2011）。

图 5.3　田子坊鸟瞰

“田子坊”是画家黄永玉为泰康路 210 弄所起的雅号，它南起泰康路，北至建国中路，东临思南路，西至瑞金二路，占地 7.2hm^2，其街区形态基本形成于 20 世纪 30 年代的法租界。通常我们所说的田子坊是指地块核心区“三巷一街”的范围，占地约为 2hm^2（约占苏荷的 5%），由石库门里弄和里弄工厂区改造而来（图 5.3）。它的更新历程可以分为三个阶段：第一个阶段以 1998 年画家陈逸飞的画室落户田子坊内的一栋里弄厂房为起点，一直到 2002 年“田子坊”的牌匾正式挂于泰康路 210 弄的弄堂口；第二个阶段的开始以

2003年初我国台湾地区的日月光集团取得田子坊所在地块的开发权为标志，一直到2008年4月代表区一级的权力机构田子坊管理委员会成立，此阶段各权力主体为争夺空间权和推行各自的更新理念而呈现博弈的白热化；第三个阶段从2009年开始至今，权力关系的变化导致了空间情境的改变，创意开始流失。

5.2.2.1　创意空间的萌发阶段（1998～2002年）：精英化的基层权力运作

田子坊这一阶段的更新主要由三位社会精英推动，他们分别是卢湾区（今黄浦区）打浦桥街道办事处主任郑荣发、文化商人吴梅森、著名画家陈逸飞。

1997年初，参观过美国纽约"苏荷"（SoHo）的郑荣发决心借鉴苏荷旧城改造的经验，以文化带动城市更新，为街道提供收入并解决下岗潮后居民的就业问题，升级破旧的老街坊（这当然也是基于街道周边业已存在的几个发达的市级商圈而进行的错位发展策略）。他首先以全市实施马路菜场入室的"菜篮子"工程为契机，把原本露天的菜场置于由沿街厂房改造而成的室内菜场，同时对原本脏乱差的弄堂环境进行治理，这为随后创意空间的引入创造了条件。在随后的空间经营（打造"泰康路工艺品特色街"）陷入僵局之时，在友人的介绍下吴梅森加入了郑荣发的团队，吴梅森借鉴西方常见的工业建筑改造思路，提出把工作室、咖啡馆、书店等诸如此类的创意空间植入泰康路210弄里的老厂房，在里弄内部发展创意产业，激活街区。两人一拍即合，郑荣发随即以街道的名义低价租下一万多平方米的老厂房再零差价转租给吴梅森经营。作为吴梅森的朋友，画家陈逸飞受邀来到泰康路210弄，并随后把画室搬到了田子坊，之后尔冬强、王劼音、王家俊、李守白等一批艺术家相继落户田子坊的老厂房，这使得田子坊名声大噪，一时间成为上海重要的创意文化和艺术重镇。凭借着吴梅森合适的招商策略和陈逸飞等艺术名人的文化带动作用，之前空置的厂房被出租完毕，并被创意文化群体自发性地改造，存量空间的价值得以被有效发掘。

这种跳过城市增长联盟，由基层官员和小商人联合进行的自主性的空间生产方式在20世纪90年代末的上海实属罕见，它的存在是以当时大开发商资本权力的暂时性空缺和街道权力的提升为前提。一方面，1997年爆发的亚洲金融危机使得金融资本对固定资产投资的速度放缓，上海旧城改造的进程趋于暂时性的停滞，这就为泰康路一片待开发的土地争取到自主更新的时间；另一方面，1995 年，上海市委提出了由“两级政府、两级管理”逐步过渡到市区“两级政府、三级管理”的要求，政府权力的下放为发挥基层街道的能动性提供了政策依据，街道被赋予了较大的财政支配、机构编制和空间管理的权力，这是郑荣发权力的一个重要来源。内外的双重时机让郑荣发、吴梅森和陈逸飞等人的空间行为得以发生、延续，并最终形成一个稳定的文化和权力共同体。

他们虽然有着不同的经历和成长环境，但是对于创意却有着相似的理念，具有互补的权力转换能力，因此在田子坊的空间生产中他们组成了核心文化和权力共同体。这里没有大资本的注入，也没有政府政策的扶持，它完全是在结构性制约松动之际具有相同文化自觉的成员们各自发挥能动性的结果。这些从前无人问津的里弄工厂成了他们进行权力运作的基础和相同的文化情境，在全市“退二进三”的大背景下，创意空间得以在此生根发芽。

5.2.2.2　创意空间的扩展与空间权利的争取阶段（2003 ~ 2008 年）：多元权力主体的参与

事实上，政府早在 1990 年代就已经把田子坊所在的整个街区和泰康路南侧地块的街坊纳入旧改的重点区域，并实施了控制性详细规划的编制和土地批租，将由开发商实施拆除重建式的城市更新。但 2000 年开始的经济复苏让原本处于资本控制之外的田子坊重新回到了开发商的视线之中，对田子坊的旧改（拆除）正式启动。2003 年日月光集团取得田子坊所在地块的开发权，2004 年《新新里地区详细规划》通过市规划局批准（图 5.4）。在规划中，田子坊核心区的石库门里弄和里弄工厂完全被拆除重建为现代化的板式高层商业建筑，多层次的里弄空间被单一性的沿街围合式布局所代替，所产出的城市肌理与其南侧日月光中心广场的巨构尺度相匹配，体现的是大资本主导下的空间生产。从城市更新的合法性和法律效力层面看，田子坊即将面临与上海大多数里弄被整体开发后同样的结果，即社会空间的完全更替。

通常，自发性的开发团队根本无法与资本雄厚的大开发商和上级政府相抗衡，但是这一次却例外地成功了，其根本原因就在于一些重要的权力主体

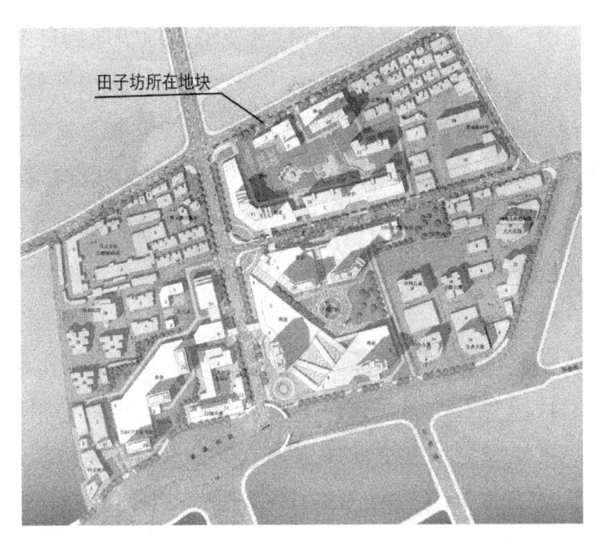

图 5.4　卢湾区新新里地区详细规划

（图片来源：上海市规土局）

在斗争过程中加入到了以郑荣发为首的小开发团队之中，增加了与增长联盟博弈的砝码。

首先是田子坊原住民的加入。创意为里弄街区带来的活力让社会各界有目共睹，原住民更是亲身体验了老里弄逐渐焕发生机的益处。住户们以点带面的“居改非”，通过扩大创意空间的范围和影响力来降低田子坊被拆迁的可能性。加上老厂房出租空间的饱和，创意空间随即从厂房向西迅速扩展。在此过程中，田子坊业主管委会（2006 年）成立。自此，“由居民周心良首先发起的‘居改非’，已经从最初的单个家庭的经济改善发展为促进整个街坊的居民经济改善的集体创业”（于海 等，2013）。除了业主管委会的牵线搭桥，作为市场化力量的高扬在推动田子坊物质空间的更新中是又一个重要的力量，他通过大量的房屋转租和装修工程获利并加速了空间的创意型更新，也加速了权力共同体的扩展。

其次，除了陈逸飞等艺术家和企业主的奔走呼吁，学界领袖也加入了斗争行列。同济大学的郑时龄院士、阮仪三教授从城市发展和建筑遗产保护的角度反对田子坊的拆迁；时任民革中央副主席、上海市人大常委会副主任、上海社科院经济研究所所长厉无畏从创意产业的角度，在经济效益和增值潜力上对田子坊的产业文化化和文化产业化予以了肯定。他们相继在《人民日报》《解放日报》《文汇报》等中央和地方党报上发声，郑荣发也不断地接受公共媒体的采访，文化精英、学界领袖的支持以及主流媒体的声援组成了庞大的文化资本的权力。

再次，2005 年 8 月，国务院原副总理李岚清和时任上海市市长韩正参观了田子坊，这无疑为田子坊当时的更新状态贴上了合法化的象征性标签，再加上其他领导干部的支持，这必然会对区政府的相关决策者形成制约。这些共同促使政府与房地产开发商进行协调，“最终形成将田子坊地块开发容积率转移至南面地区（现日月光中心）的保护路径及调整措施”（王林，2016）。2008 年 4 月 11 日，田子坊被上海市政府正式纳入城市改造规划性项目之列。

5.2.2.3　创意空间的退出阶段（2009 年至今）：无约束的市场权力

2008 年 4 月成立的田子坊管理委员会是田子坊唯一的管理实体，它代表着田子坊的合法性，同时也标志着一系列权力的再分配和空间关系的重构（原来那批对田子坊创意空间具有管控权力的个人和组织相继退场）。2009 年，《田子坊地区住房临时改变为综合用房受理流程》《田子坊申办营业执照流程》《田子坊内工商注册登记流程》等一系列关乎空间权利的政策出台，这标志着由之前“居改非”而来的店铺得到了官方的正式认可，原住民拥有了对他们的房屋完整而合法的物权，空间的直接支配权归于原住民，原来的权力组织和运作模式的效力也已大不如前。这种权力关系的转变为之后房东们肆无忌惮地推高租金埋下了伏笔。

田子坊日益增加的名气和它的区位优势使得当地游客如织、消费者络绎不绝。但是“田子坊内房屋产权的复杂性与模糊性，使得卢湾黄浦区政府、打浦桥街道以及田子坊管委会都很难直接控制田子坊内的租金”（张琰，2016），加上缺乏对创意产业的租金保护和管制政策，田子坊的房屋租金从 2007 年开始飙升。硬性管理指标的缺失纵容了市场经济中常见的恶性竞价和规划失控，大量的文创业态被更高附加值的商业业态所替代，许多创意店铺被迫“去创意化”转型或外迁，新进的商铺更多的只是来进行商业投机，期望在尽量短的时间内谋取高额利润，因此田子坊的创意空间被严重压缩，目标消费人群在流失。根据于海、陈向明、钟晓华的实地考察数据，“2013 年，田子坊里 51% 的商铺是售卖各式商品的零售店，17% 的商铺是餐馆和咖啡馆，而只有 29% 的商铺类型可归为艺术设计类，剩下的 3% 则是其他类型；这种商业模式的转变与工厂区‘第一代’以创意为导向的商业模式相反，那时 52% 的商铺都是艺术设计类，25% 的商铺是餐馆与咖啡店，只有 7% 是售卖各种商品的零售店”（佐金 等，2016）。到了 2015 年底，田子坊中的文化场所占比仅有 2.08%（张琰，2016）。概言之，田子坊已经从最初的文化创意产业区变成了旅游休闲娱乐场所。可以说创意阶层已经失去了对田子坊的空间控制权力，他们的空间价值预期和文化认同在此也无法实现，田子坊的创意型社会空间即将完全消失。

5.2.3 局限性分析

上海的创意园基本都是遵循“自上而下”路径的投资和管理，很容易导致权威式的治理模式与实际创意发展规律的脱节和矛盾，抑制创意所能产生的效益。如果期望主要依靠自上而下政府的介入和技术专家的复兴规划去促进创意经济的发展，则需要快速地向投资者学习，同时依靠模型来最大限度地降低风险，证明资源配置合理，并确保知识社会的经济优势和它预期的回报（Evans，2009），但对于精力、财力有限的“上层”来说往往很难做到。而由创意阶层主导的城市更新模式则不同于通常“推土机式”的自上而下模式（图 5.5），它不仅利用了现有的城市空间存量，发展了创意经济集群，而且在政府未进行任何附加投入和不需要当地企业、居民大规模搬迁的情况下重新让人群流向市中心，增加了财政收入并带动了周边乃至整个市中心房地产业的复苏，这是“自下而上”城市更新路径的优势。但是适度的“中产阶级化”并没有在苏荷和田子坊内保持长效的状态，城市更新的目标和结果发生了偏离，创意阶层被新一轮的资本投资浪潮清理出局，这暴露了政府在事后介入中适当性和时效性的不足，以及自下而上模式的固有缺陷。

图 5.5　自上而下模式所造成的物质遗产消失

对于初期苏荷的艺术家而言，工业建筑的房东为他们提供了低价空间，告别了传统艺术固有的风雅而接入地气，并且工业文化为艺术创作提供了灵感。对于房东或企业主而言，艺术家能够为他们提供额外的租金收入。多方共赢的状态保证了创意空间得以持续生产，但是自从工业建筑用于住宅被彻底合法化之后，创意空间被推向了以竞价决定空间权的房地产市场，导致了苏荷效应的发生。

田子坊创意空间的退出机制与苏荷相似。在现行的制度下，田子坊的可贵之处“在于它是从政府内部对城市更新主导模式的认真质疑，及对更好兼顾城市文脉、创新产业、居民利益和社会公正的包容性改造新模式的真诚实践”（于海，2011b）。在 2008 年以前，处于“灰色地带”的创意空间的生产和组织方式由文化精英做决策，他们对于田子坊的功能业态比例有明确的要求，如餐饮业比例不能过高，不能出现低端业态，因此田子坊在第一阶段和第二阶段的空间情境基本是由创意阶层打造的，是一个充满文化认同的、名副其实的创意街区。但是在政府权力的介入和“正名”（如“居改非”和“申办营业执照”）之后，田子坊的房东们拥有了合法的对空间收益和处分的权利，冲破了在第二阶段为保护创意空间生存所规定的各种业态控制规则，对空间的支配也直接与商品市场接轨，为个人排他性的利益肆意增加房屋租金。特别是在管委会接管田子坊之后，没有文化自觉和文化认同的官方权力机构缺乏小开发团队那般的积极性，不会主动地去介入市场的运营管理工作，也缺乏相应的规划依据和管理水平；同时，管委会“组织架构设置时几大条线职能部门并置，使得工作时互相推诿扯皮，组织效率极低”（钟晓华，2012）。因此，在市中心“租隙”如此之大的创意集聚地中市场化自由竞争并没有得到政府及时的规范化约束。

概言之，导致苏荷和田子坊创意空间流失的主要原因在于上层力量的调控失灵和放任空间被过度市场化。首先，政府的调控不当：政府为了支持创意空间的发展赋予了既有空间相应的合法性，但也为原住民利用此空间权进行寻租获利提供了机会，产生了不应有的溢出效应。其次，政府的介入不及时：未能出台进一步的政策去有效遏制商品化和消费化的市场进程对创意空间的挤压。苏荷和田子坊两地创意空间的流失暴露了单纯的自下而上模式所固有的局限性。

从外部因素看：①入驻城市空置建筑中的创意阶层往往数量少、权力小，对城市的经济贡献也无法在短期内显现，若没有其他权力主体的支持，很容易就会被追求短期回报的市场扼杀；②城市的不同地区会面临不同的自下而上的城市更新情形，那么城市的行政和立法机构就很难及时地去响应每个社区的诉求；③政府通过动用地方立法权和经过正式程序而形成的法定文件和规划的干预行为必然具有滞后性，城市更新意愿和进程将会在合法性上受限（Pissourios，2014）。

从内部因素看：①苏荷和田子坊因为入驻的艺术家数量较多，且具有密切的共同利益和强烈的文化认同感，从而可以通过自组织的方式形成稳固的空间权力主体，但是对于创意阶层比例较低的大型社区而言，进行创意型城市更新的社区意愿会大打折扣，难以形成高效的权力组织和意愿传达，以及持续的更新动力；②社区级的权力主体很难为自己提供必要的基础设施和配套服务设施，以及相关的管理权限，例如，早期苏荷居民的购物、餐饮，甚至洗漱等日常需求都要前往附近的格林威治等地解决；③每个社区往往只关注自身的切实利益，因此很难仅仅通过自下而上的城市更新路径去满足更大范围的公共利益。

5.2.4　自下而上与自上而下路径的整合——多方合作模式

市场不是万能的，政府更不是全能的。在不同的城市更新路径中，主导性的权力主体和权力运作的方式不同，因此所能解决的空间尺度和空间类型不同，更新目标不同，所发挥效应的阶段也不同。这就需要在公共部门、私有部门和公众、社会组织等权力主体广泛合作的基础上发挥各自的优势和职能，以确保创意型城市更新的顺利推进（表 5.4）。

不同创意型城市更新路径的区别　　**表** 5.4

更新路径	主导性的权力主体	空间尺度和类型	更新目标
自上而下	•政府机构 / 部门 •开发商、投资公司等私有部门 •政府主导的当地企业	•整片的私产空间：住宅区、商业区、工业区等 •城市级的公共空间：广场、公园、文化建筑、学校等，以及生活服务设施 •未被利用的城市空间：军事设施，高架、铁路等基础设施及其周围，水岸等	在城市范围内利用存量空间培育创意，形成创意产业集群，促进城市创意经济的发展；主要着眼于远期的战略目标
自下而上	•私人业主或租客 •管理空间的基层组织机构 •其他自愿参与其中的社会组织或个人	•私产空间：厂房、仓库、住房、商铺等 •邻里共享空间：公共活动场所、小型服务设施等 •未被利用的城市边角地带	巩固和扩大社区范围内的创意阶层或创意组织既有的空间权利；主要着眼于解决近期的问题

自下而上和自上而下相结合的城市更新路径实质上是一种多主体参与的公私合作（Public-Private Partnership，简称 PPP）机制，主要涉及 5P（Public sector 公共部门、Privatesector 私有部门、the People 公众、non-Public sector 非政府部门、Philanthropic sector 慈善机构）权力主体的多元合作。特别是由于地方政府和公共部门面临预算紧缩，以及政府管理模式和意识形态发生变化，PPP 在当前被认为是务实性地实施城市更新、解决城市更新复杂问题的典型手段（Tsenkova，2002），多方合作的行为本身也可以激发创意（图 5.6）。

因此，上海的城市更新从政府权威型治理走向“政府—市场—公众”多元合作是必然趋势。

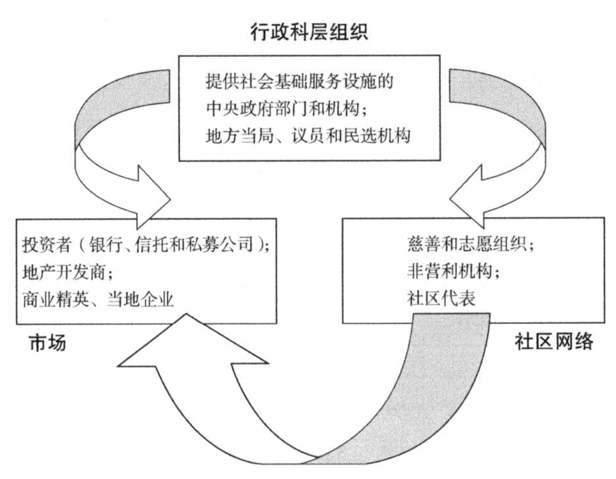

图 5.6　城市更新中“政府—市场—公众”多元合作模式示意

（图片来源：译自“HOLL M. Sustainable Development and Planning VII [M]// CALDELAS：R R. Urban Planning from A Top-down to A Bottom-up Model：The Case of Mexicali，Mexico. Billerica：WIT Press，2015：74”）

一个典型的城市更新 PPP 项目涉及公共部门通过直接购买或分享项目回报的方式获得由私有部门和公众所提供的一部分或全部更新阶段的服务，包括设计、施工、融资和运营维护（简称 DBFOM）。公共部门根据项目的实际情况选择所需的 DBFOM 服务，从而获得如下收益：公共部门和私有部门，甚至还可以与公众一起承担项目风险，实现风险转移；可以更直接地满足公众诉求，并提供更多更好的福利性集体消费品；设计施工服务可以为项目带来先进的设计理念和施工技术，增强项目的整体创意性，加快项目的完成进度，提高时间的确定性；融资服务可以更快地为项目获得资金支持，同时减轻公共部门的负债压力；运营维护服务可以提升后期的服务效率和质量。

理论上，“政府—市场—公众”之间的多元合作不仅包括三者都作为主要参与者的情况，还包括各有侧重的政府与市场、政府与公众、市场与公众，以及政府内部、市场内部和公众内部之间的合作，共七种情况。其中，政府与市场的合作是最常见的城市更新运作模式，主要有 BOT（Build-Operate-Transfer，建设—运营—移交）、BOO（Build-Own-Operate，建设—拥有—运营）、TOT（Transfer-Operate-Transfer，转让—运营—移交）、ROT（Rehabilitate-Operate-Transfer，改建—运营—移交）、BLOT（Build-Lease-Operate-Transfer，建设—租赁—运营—移交）、BLMT（Build-Lease-Maintenance-Transfer，建设—租赁—维护—移交）、OM（Operations and Maintenance，运营—维护）、MC（Management Contract，管理合同）、LOT（Lease-Operate-Transfer，租赁—运营—移交）等模式。

63 号设计创意工场的创意型更新是 TOT 模式的一个典型案例。2001 年 12 月，经杨浦区人民政府批准，由中国水产科学研究院上海渔业机械仪器研究所（简称渔机所）、沪东科技经济信息沙龙、四平街道联合创办，正对同济大学校园南门的 63 号设计创意工场成立。它位于赤峰路 63 号，占地面积 $16121m^2$，建筑面积 $25621m^2$，是典型的多主体合作的案例。在空间生产中，渔机所与房地产商在 TOT 模式，即"转让—经营—移交"的框架下，土地的所有者（渔机所）提供土地给开发商改造建设并经营，即转让空间的 20 年使用权，此后开发商通过产业空间的租赁自负盈亏，并每年固定向渔机所缴纳 300 万人民币作为回报；20 年后开发商退出，物业免费移交给渔机所，避免了国有企业资产的流失。63 号设计创意工场创意型城市更新的实现为同济大学周边提供了优质、低价且集中的产业空间，入驻率为 100%，推动了产业集聚发展和环境品质提升，让国有企业、开发商、区政府和街道同时受益。63 号设计创意工场于 2005 年被市经委授予上海市创意产业集聚区，2010 年荣获了"2010 年中国创意产业年度大奖"最佳园区奖。

而对于苏荷和田子坊等自下而上的创意型城市更新，则更加需要政府、市场、公众等多方权力主体进行合作。一方面，政府通过一系列的创意扶持政策、公共住房政策对年轻的创意阶层进行支持（此过程需要发挥市场在资源配置上的优势），并通过城市用地规划等空间治理措施维持既有的创意空间（此举需要对市场进行调控）；另一方面，创意阶层应当充分发挥自身的能动性，利用创意激活城市的存量空间。

5.3 基于多方合作的资源再分配机制（权力转移）

从历史上看，城市的创意区很多都是从低租金和松管制的地方自下而上发展起来的，如纽约的阁楼、硅谷的车库和柏林的squats。根据吉登斯的结构化理论，社会结构由规则和资源构成，主体的行动受结构的支配或约束，同时又具有能动性。假设在主体能动性和文化暂时不变的情况下，若要改变主体对资源的转换能力（权力），促进资源的再分配，则首先需要对规章制度这一浅层的规则进行改变。

与西方国家的政府相比，我国政府有其特殊的制度优势。例如，纽约市在制定一个完整的阁楼政策的过程中需要平衡多项法规和若干政府机构的内在冲突性。纽约市的每个区域都有一个社区规划委员会，它们负责向城市规划委员会推荐上报包括分区条例在内的政策，城市规划委员会有权批准或否决这些推荐政策；批准后这些分区法令进入评估阶段，在生效之前评估委员会有最后的发言权；但是，法院也可能会推翻这些行政机构的决定。同时，在纽约市所在的纽约州，州立法机关和州长对纽约市的“多户住宅法”持有控制权，它们和纽约市议会可以通过任意数量的阁楼改建法案（Shkuda，2016）。与之相比，上海政府负责制定地方政策、条例，上海市人民代表大会及其常务委员会负责立法的方式更有效率，特别是在中国政府所具有的强大决策力和实施力的语境下，环境和社会公平等问题似乎更容易解决，但从实际的情况来看，这又是一把双刃剑。首先，在社会主义市场经济的体制下，特别是在国内目前的发展时期，政府与资本权力较容易达成共识而忽视多元权力群体（特别是弱势群体）的声张。其次，与西方社会相比，国内缺乏有力的第三方社会组织以发挥必要的权力组织、监督和制衡作用，导致弱势文化群体在市场经济体制下更容易受资本的力量主导，从而更容易导致社会极化等问题。

因此对于本书，我们需要首先通过制度设计去建构一种可以促进创意空间的再生和发展的权力关系模式去确保在城市更新中资源的合理配置。对于发展成熟的市场经济和公民社会而言，权力机制的设计主要是通过改变市场交换背后的惩罚、激励规则，然后直接作用于交易成本的边际变化改变市场参与者的行为，从而持续性地发掘与创新性的生产和交换行为相联系的潜在的收益。

5.3.1　社会力量的强化

具有“抵抗性的”社区是真正能让城市资源得到可持续利用的关键（Gould, 2017）。在我国“政府—市场—社会”三元构架中“社会”权力主体普遍羸弱的情况下，首先应当增强社区和社会组织的权力，构建包容性的创意氛围，促进社会主体能动性的释放。

5.3.1.1　基层政府自组织

上海自 1949 年来经历过数次基层政府的权力调整。“在共产党执政之前，政府在社区生活中几乎是不出现的”（卢汉超，2004）。1949 年后，从市政府到居民委员会的政府权力网络在全市范围内自上而下地建立了起来，当时的居委会被赋予了比今天大得多的权力，积极介入空间生产和居民的日常生活，在赢得民心方面取得了显著的效果。同时，户口登记制度也平行展开。随着“文革”结束和 20 世纪 80 年代开始的改革开放，之前以管控和执行上层计划为中心的，即“以条为主、以块为辅”的政府权力组织和管理模式已经不能适应政治经济的新形势和新要求，随着“条块结合、以块为主”的权力关系的构建，具有“小政府、大社会”内涵的“两级政府、三级管理”的体制才真正开始出现。1995 年 5 月，本着简政放权的原则，上海市进行了“两级政府、三级管理”模式的改革，在市、区两级政府的基础上，形成市、区、街道办事处三级纵向的管理体制。市政府的部分职能和权限下放到区政府，街道作为区人民政府的派出机关，履行相应的政府服务和管理职能。1996 年 3 月 25 日，上海市颁布了《中共上海市委、上海市人民政府关于加强街道、居委会建设和社区管理的政策意见》（后简称《意见》)，《意见》中指出“随着上海旧城改造和新区建设的大规模展开，以及社区管理、社区服务相关事权的下放，街道、居委会将在市政管理、社区服务、精神文明建设、社会治安综合治理、街道经济组织发展等方面承担更多的任务。因此，街道与区有关职能部门要在分清事权、明确责任的前提下，按照分税制财政体制的要求，进一步充实街道财力，使街道、居委会更好地行使职能"，因此在具体的政策意见中要求"扩大、充实街道的财力，按每年新增区级财政收入的1%至2%增拨社区财政支出，专项用于街道、居委会发展各项事业"，同时"在实行分税制财政体制的基础上，根据事权与财权相一致的原则，对区级财政收入中属街道经济组织上缴的税收，原则上由区政府返还街道，用于发展社区事业"；此外还赋予了新建、改建社区居委会办公用房以及公建配套的管理权。

《上海市街道办事处条例》（1997年3月1日起施行）明确了街道办事处的职责，这让基层政府拥有了更加全面的职能，可以对区一级的城市更新工作产生较大的影响。特别是通过经济权力的下放，实行街道财政管理，基层政府的工作重心开始转到了经济建设上，这极大地促进了基层政府的能动性。正是在打浦桥街道办事处主任郑荣发的协调和推动下，田子坊才得以从一个待动迁的里弄邻里转型升级为创意社区。

但是，人、财、物权全面下放至街道也存在着相当大的弊端，本质上仅仅是从原先上层政府的"大包大揽"转变为基层政府的"大包大揽"，街道作为一级政府的派出机关充当着一级政府的"全能"角色。基层政府主要以上层政府的指令为职能依据，上级政府施压、下级街道实施落实，难以把为当地居民提供管理服务作为其首要的本职工作，产生了"妨碍社区自治功能的实现，挤压了社会组织的生长空间，迟滞了政府职能转变的进程"（孟庆源，2008）的负外部效应。服务型的政府权力关系依然没有得到有效的建立，反而阻碍了社区赋权的进程。

因此，自2013年上海市开始围绕"创新社会治理、加强基层建设"进行基层政府权力组织模式的探索。2015年，上海全市统一停止街道招商引资，街道所需工作经费由区政府保障，财权上交（中国青年报，2014）；在2016年11月1日起施行新的《上海市街道办事处条例》。在具体城市更新项目的落实方面，根据《关于落实街道对区域内重大决策和重大项目建议权的实施办法》（2017年5月9日），街道办事处仅具有对建设规划，征地动迁等涉及街道管理职责的市重大项目，街道辖区内规划实施的城市更新、旧区改造，以及教育、卫生、文化、为老服务、体育等公共服务设施项目等具体征询内容提出建议的权利。因此，未来创意社区的城市更新建设必然直接在市、区政府和社区居民之间进行直接对接，这对基层社区的服务管理机构、居民权力的组织和居民利益的伸张提出了更高的要求。这就需要把更多的空间决策权更直接地下沉至居委会所在的社区一级，让涉及切身利益的居民参与城市更新的决策进程，通过上层机关对基层权力的支持，提升民众参与的平台高度；街道办事处在其中应当起引导和监督作用，真正做到“动员社会力量参与社区治理，整合辖区内社会力量，形成社区共治合力”，“指导居民委员会等基层群众性自治组织建设，健全自治平台，组织社区居民和单位参与社区建设和管理”（图 5.7）。

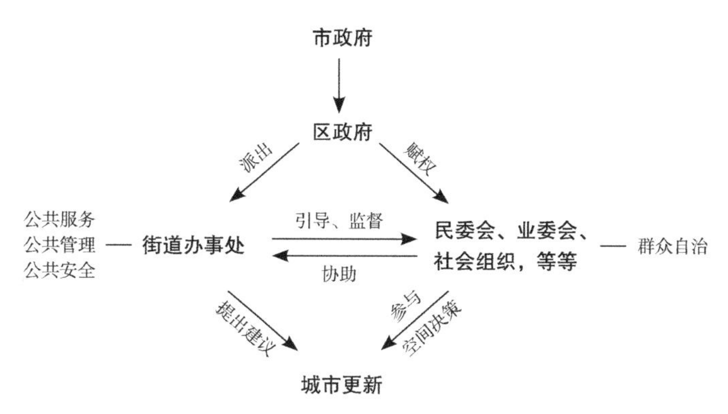

图 5.7　基层政府和群众自治机构参与城市更新的路径示意

5.3.1.2　加强社会组织的能动性

韦斯特贝斯艺术家社区（Westbeth Artists Community）位于纽约曼哈顿岛西侧，距离高线公园南侧的惠特尼美术馆仅四条街区之隔。它由贝尔电话实验室总部所在的工业建筑改造而来（设计师：理查德·迈耶，设计时间：1968 ~ 1970 年），是纽约最早的一个为中低收入艺术家、音乐家等创意阶层提供职住一体创意空间的城市更新项目，社区内除了保障性住房外，还有大大小小的商业空间、表演排练空间、展览和艺术家工作室，以及一系列的文化机构，近 50 年来培育了许多著名的创意人才。而对它进行创意型改造的资金则首先由纽约当地的非营利性的慈善机构 J. M. 卡普兰基金（J. M. Kaplan Fund）提供，之后在美国国家艺术基金会（National Endowment for the Arts）

的帮助下项目得以顺利推动。至少对于美国而言，社会组织在创意型的城市更新中扮演了重要角色，在它们的支持下，创意项目在美国遍地开花，取得了非常惊人的经济效益和社会效益。社会组织往往具有公众所不具备的专业知识和资源，它可以为创意项目提供资金和技术的支持，与创意相关的社会组织具有促进公众、创意阶层、政府和企业之间相互联系的能动性，是对群众自治权力的有益补充。特别是在小规模自下而上的城市更新路径中，社会组织可以发挥项目的组织者和领导者的角色。下文以位于纽约、致力于城市创意空间再生的两家社会组织为例，通过介绍他们广泛而有效的城市更新实践来说明社会组织在创意型城市更新中的重要作用。

位于纽约布鲁克林的格林帕恩制造与设计中心（Greenpoint Manufacturing and Design Center，简称 GMDC）是纽约首屈一指的非营利性工业建筑开发机构，它的目标是将失去活力的工业空间转变为城市社区中的制造中心。自 1992 年成立以来，GMDC 已经改造修缮了布鲁克林的七座工业建筑，供小型制造企业、工匠和艺术家等创意阶层入驻。GMDC 通过规划、开发和房地产管理以及提供其他的相关服务，在城市社区中重新建立起制造业部门的生存空间。其中，它与其他社会组织的合作至关重要，是项目资金的主要来源。例如，在 2009 年布鲁克林 McKibbin 街 221 号厂房（建筑面积约 6689m^2）的再开发项目（图 5.8）中，纽约经济发展联盟通过融资协议推动了 400 万美元的城市资本投资，帮助获得了新市场和历史税收抵免的额外资金，并通过纽约市工业发展署部分减免了房地产税，保证了共耗资 1100 万美元的修缮改造工作顺利完成；在新厂房更新完成之后，GMDC 以低于市场价的租金水平出租给了约 20 家小型工业企业，解决了 80～100 人的就业岗位。

它目前拥有并运营其中五个项目的物业，在为纽约市的中小型制造商提供负担得起、灵活的生产空间方面发挥了重要作用。它在政府之外帮助有理想的设计师、制造商和小企业主在纽约实现各自的理想，并成为振兴社区商业和就业基础的一种可复制的模式。它的社会成就获得了政府人员的认可和政府工业发展基金的资助，纽约市议会议长说："如果没有像 GMDC 这样的组织，我们在城市中保持工业和制造业工作的计划将不可能实现。"就目前的实践成果而言，GMDC 的可行方法包括：获取、修缮和管理被忽视的工业地产；通过在主要利益相关者之间的协作和联动来担当项目的推动者；创造和影响工业发展政策；通过发表、会议展示和向社区提供技术支持来开拓这一领域并推广其模式。

图 5.8　布鲁克林 McKibbin 街 221 号厂房修缮改造之前（左图）和之后（右图）
（图片来源：GMDC 官网 .https：//gmdconline.org/gmdc_buildings/221-mckibbin-street/.）

由此可见，社会组织由于它的非营利、非政府性的特征让它具有多途径募资和寻求市场支援的资格和动力，可以为创意阶层提供较为廉价优质的创意空间，并增加社区的就业和活力；而政府通过对社会组织的支持和不干预，充分发挥它们的能动性而在其中扮演着重要角色。此外，社会组织中由创意阶层组成的各种行业协会对其成员文化凝聚力的培育和权力诉求的声张有着积极的促进和放大作用；还可以对政府的决策起到建议、咨询和导向作用，强调创意型发展和公共利益，例如，中国城市规划协会的主要任务包括“组织研究城市规划行业改革与发展的有关问题，向政府主管部门提出行业发展规划和有关政策、法规、标准的意见和建议；组织城市规划咨询服务活动”等。但是从另外一个角度看，规划协会的任务又较多较杂，例如每年组织数次规划理事会、规划年会等，还要承担注册城乡规划师的培训、认证等工作；同时，协会的组织结构和背景又过于官方化，这些问题导致了它作为创意型行业协会的精力过于分散，难以有效联系起广大的创意阶层，本职服务工作未能得到广泛和充分的开展。

因此，培育一批针对性、服务性强的创意型社会组织，加强它们的能动性，营造一个“束缚少、压力小、支持多”的社会组织发展环境对于上海未来的创意型城市更新至关重要。

5.3.1.3 大学权力的调整

在三螺旋创新模式中，知识空间和创新空间之间不仅仅是要搭建一个共识空间、合作平台，而且这三个空间必须要彼此重叠，相互交叉，即“创造大学、产业、政府之间相互渗透性的边界是创新政策的关键”（Etzkowitz，2012）。这就意味着不仅要在物质空间上实现大学边界的开放，资源和权力的边界也要打破。

目前，上海大多数的大学为公立大学，自身发展所需的资源依赖于政府的供给，且具有明确的行政级别和隶属关系。因此，大学并不是一个自治或自主性的权力主体，它的一切行为都要受到上级政府的监管和行政的干预，同时还要完成指派的任务，能动性受到了极大的限制。因此，在上海创意型城市更新的进程中，政府应当充分支持民办高校的创办，增加智力源（知识空间）的供给；适当地高校去行政化，摆脱科层制的权力组织模式，激发大学创意人才的能动性；继续发挥校办企业对创意型城市更新的推动作用；加强大学、社会组织、公众的平等交流，积极将社会组织纳入三螺旋创新体系之中构建共识空间，促进创意社区的建设。由于上海的高校与地方政府之间的权力关系较为复杂和微妙，因此上海创意型城市更新需要在大学、政府、市场、社会的权力关系与创意发展的客观规律之间找到平衡。

例如，在推行社区规划师制度的过程中，台北市都市发展局优先鼓励台北市相关专业的院校以及相关的社会组织认养各个行政区，并在社区内的“社区规划服务中心”进行固定、集中的聚会讨论和创意交流。这一方面为了鼓励高校学生走出象牙塔、深入社区实践，另一方面也为了利用相关院校及相关团体丰富的教学与人力资源和硬件设施来解决短期内规划服务中心设置地点不易寻觅、经费筹措困难和人员短缺等现实问题（杨芙蓉 等，2013）。尤其对于服务的社区与高校邻近时，社区居民与高校的创意人才相互之间较为熟悉，高校的权力壁垒最容易被打破。

2018 年 1 月，12 名来自同济大学规划、建筑、景观专业的专家正式被聘任为杨浦区的社区规划师，未来三年他们将扎根各自负责的本土社区，全过程指导公共空间微更新、“里子工程”、睦邻家园等社区更新项目，“社区规划师制度”将成为杨浦社区建设的常态化机制（黄尖尖，2018）。杨浦区四平街道充分利用同济大学的知识溢出效应，发展出“专业团队全程主导”“多方共建＋政府管理”“多方共建＋专业团队运营”“多方共建＋多方共治”四种演进性的微更新模式（沈娉 等，2019）。通过突破高校的权力束缚让创意人才扎根社区、服务社区不仅是杨浦区“三区联动”机制更深层次的发展和创意社区建设的保障，也是通过创意行为建立社会各界广泛联系的有效途径，体现了多元主体参与下的创意型城市更新的权力内涵。

同年 6 月，虹口区政府颁布了《虹口区社区规划师制度实施办法（试行）》，期望通过规范化地引入社区规划师制度“打通城市管理末梢，实施精细化管理，提升虹口区城市空间品质，为全区的社区更新和发展发现和解决问题”，其中涉及管理层、使用者、专家、相关利益群体等多方参与，以及公众参与的多主体使用后评估等提议。从试行的办法中可以看出，社区规划师主要与各街道办事处对接，街道办事处代表政府方面负责推进各社区更新项目的实施，因此推进街道去行政化，完善街道办事处的服务职能和基层社区的权力自治在充分发挥社区规划师等创意阶层的能动性和创意上至关重要。

5.3.2　公民空间权的调整

5.3.2.1　产权人空间权的变更与城市更新的推进

在上一章笔者指出了对中心城区存量巨大的老街区进行创意升级是上海创意型城市更新或创意城市建设的关键一环，但是由于动迁成本过大、破坏原有社区的社会结构、破坏城市肌理和历史风貌等原因，传统的动拆迁模式已经无法也不应当在上海中心城区推行，就这要求我们去探寻多元主体参与、合作共赢的城市更新组织模式。从而达到节约动迁成本，保持社区文脉和历史风貌，植入公共设施和创意空间以完善社区功能、培育创意的目的。基于此，在上一章的 4.5 小节笔者探讨了“有选择性地于适当位置对个别街区进行功能置换，用新的功能元素提振周边里弄街区活力”的城市更新模式。这里就涉及对既有建筑的部分拆除和新建筑的植入，如何在控制动迁成本的前提下，一方面说服居民愿意拆迁，另一方面说服开发商和民间资本愿意投资。

“拆迁难”的根源在于居民的空间权（产权）问题。空间权与所有权人的不动产相联系，具备了物权（所有权、用益物权和担保物权）的基本特征，受《中华人民共和国物权法》（2007年颁布，现已废止，相关规定延续在《中华人民共和国民法典》中）的保护。对于生活在老街区的居民而言，虽然经历了较为全面的住房私有化改革，但是上海的里弄街区和工人新村等房屋类型中仍然存在严重的空间权问题。一方面，老街区内遗留了大批共有产权房或使用权房，居民不是所有权人，并不能对自己的空间依法完整地享有占有、使用、收益和处分的权利；另一方面，居民虽然是所有权人，但是所拥有的空间细碎，产权关系错综复杂。因此，不确定和不完整的空间权极大地制约了民间资本参与城市更新的积极性和有效性，也加大了政府和开发商对其进行创意型更新的难度，创意空间无法在其中生根发芽。这就需要进行空间权的变更和流转，构建城市更新中多元主体共赢的权力关系。在此笔者提出了如下策略。

首先，鼓励居民通过低价购置的方式把使用权房转换为产权房，或者通过收购同屋其他人的产权，把非成套房屋内模糊、细碎的产权转换为边界清晰的产权；也可以通过政府和企业协商收购的方式整理老街区中的零碎产权，对有外迁意愿的居民进行使用权回收补偿，降低产权人的密度。然后，余下的空间所有权人、政府、开发商和民间资本等建立官、商、民一体的项目合作公司，通过市场直接注资、政府提供资金援助（改建资金、文化设施资金、教育设施资金、养老资金等）和多元化的产权入股等方式建立利益共同体，共同决策城市更新项目的前期策划、方案设计和后期施工、管理服务等一系列的问题。最终，由项目合作公司推进城市更新进程。第三方的社会组织对整个进程实施监管，并聘请专业的策划和设计团队进行方案的研究（图5.9）。

通过这一模式，部分所有权人用自己既有的房屋空间作为交换，得到面积等量的就地/就近新建的房屋或者获得在新建筑底商的长期经营权，改善了生活条件；创意拥有了空间载体并植入，提升了社区活力和城市的创意密度，同时整个区域的环境品质得到提升，服务设施得到完善；开发商投入资金进行空间生产，履行在合同上许诺的条件，并实现盈利。此外，新建建筑往往

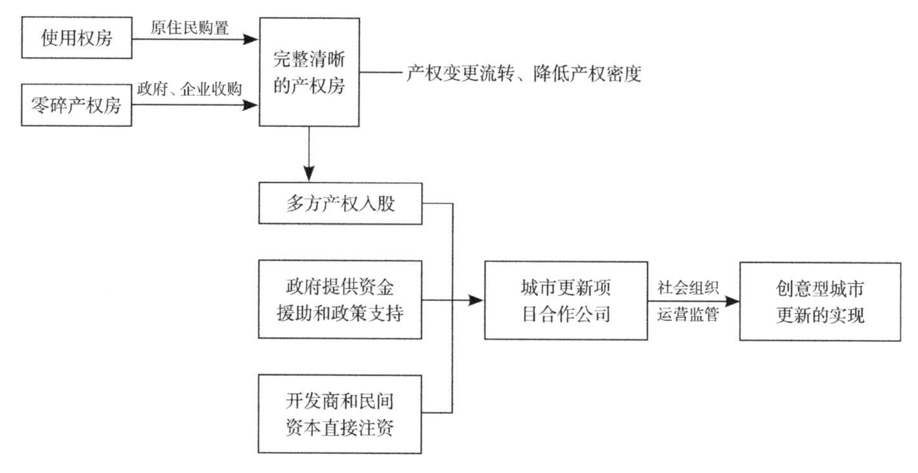

图 5.9　上海老街区创意型城市更新的 PPP 路径

为高层建筑（有时需要政府提供政策支持），以满足开发商所能盈利的建筑面积和容积率条件。

因此，老街区的小型创意企业、创意阶层和居民可以通过产权变更流转、不动产金融化的方式与政府、开发商、民间资本和社会组织建立共赢的权力关系和多元合作模式，共同推动旧区的创意型城市更新。其中，充分尊重空间权利人的意愿，维护和保障权利人的合法权益是进行创意型城市更新的基本前提，平等自愿协商是基本宗旨。

5.3.2.2　加强非产权人的空间权

由廉租房和公租房组成的政策性租赁房是上海市目前真正意义上的福利住房。对于廉租房资源，除了市中心区域仍旧存在的不可售公房之外，其对于困难群众的补贴主要以租金配租的方式为主，实物配租相当有限，而且位置分散。对于公租房资源，由于起步晚，它所能发挥的作用目前尚未显现，而更为关键的是，由于它采用租金市场化的定价方式，即遵循“略低于市场租金水平”的定价原则，使得政府主导下的公租房建设具有偏离住房保障基本职能的风险。

目前，上海市场上常见的青年公寓品牌主要有自如寓、You+、青客等，产品在形式上基本分为两类：一类是分散式，企业在城市的不同区位租下许多成套商品房，然后改造成每间具有独立厨卫设施的单人宿舍或一居室分拆出租；另一类是集中式，企业整租一栋建筑改造成类似酒店式公寓的青年社区。两类基本都是统一装修、统一管理，与政府供应的公租房相比有两个优势：第一，供应量大，区位和交通条件较为优越；第二，特别是集中式的社区型公寓，可以为年轻创意阶层的日常交往提供基础的社交空间与设施。与传统房地产企业的开发模式相比，它们将建造、招租的重资产模式转变为轻资产运营，降低了投资风险。

市场化的青年公寓的文化面向虽然是年轻创意阶层这一个较为宽泛的文化群体，满足了他们的文化诉求和生活方式，产生了“群居”所带来的活力，但是实际上绝大多数的年轻创意阶层并没有权力去负担由市场决定的价格。按照房产中介链家旗下的青年公寓“自如寓”于 2015 年对住户的调查，超过 60% 的住户年龄在 25 到 35 岁，白领居多，30% 左右从事 IT 互联网行业，60% 有过海外求学或生活经历，但是他们在同龄人中属于中高收入者（南方周末，2016），并不是福利性集体消费品的需求者。就目前长租公寓的发展趋势来看，各大品牌都在争先通过大规模的融资抢占市场份额，形成对房源租金的垄断，不仅没有实质性地解决创意阶层“住房难”的问题，还在整体上推高了房屋的市场租金和租售比。

因此，纯粹市场化的方式并不能满足创意阶层的真正住房需求，必须一方面出台政策抑制长租公寓的超级“二房东”垄断和哄抬租金；另一方面在城市更新中出台一系列的奖励或刺激政策来增加市场和社会资本对真正意义上公租房的建设。在 PPP 模式下，公租房的控制权、处分权和一部分的收益权归政府所有，特许经营权和一部分的收益权归社会资本所有，入住的创意阶层仅拥有使用权。

此外，还应当建立租户的准入和退出机制。由政府或开发商出资建设或改造的创意空间是年轻创意阶层的保障房和孵化器，但不是他们长期享有的社会福利。政府相关机构（如上海市公积金管理中心）或第三方社会组织必须以公开、公平、公正为原则，定期对租户个人或其公司的收入、发展潜力等进行核查评估并公告，以确保配额符合当前的经济和社会状况，并完善调整现有的公租房申请流程，保证真正有需要的创意人员享有此空间权。而对于孵化成功的中高等收入的创意人员，他们的住房和工作空间则接轨市场，退出权利保障机制，以实现资源的合理配置，切实满足上海城市更新向创意型发展的有效需求。

5.3.3 项目中的强制与激励政策

适当的强制和激励政策是把市场和社会公众的资源转移至创意空间生产的有效途径，但就国内而言，目前并没有相关的政策出台。首先，所出台的创意产业促进政策多为政府专项资金对产业和人才的直接补贴。例如，《杨浦区关于促进产业发展的若干政策意见》（2014年7月1日到2016年12月31日）中规定了针对企业的“开办费补贴、办公用房补贴、落户奖励、带动奖励、经营性奖励”等，以及针对创新创业人才的各种奖励措施，但并没有涉及对创意空间建设的强制和奖励措施；其次，目前上海城市更新中的空间奖励政策主要是对项目中保护修缮优秀历史建筑、提供公共绿地等有利于公共利益的行为进行容积率或面积补偿，依然不涉及创意空间的内容；一些科技园、创意园的建设只是享受了地价等非强制性的优惠政策，激励性不足，这也就无法撬动市场和社会的资本主动对创意空间的生产进行投资。究其原因，笔者认为一是由于涉及空间的类型多、范围广，导致空间界定和监管的难度大，即治理难度阻碍了相关政策的出台；二是由于相关的研究工作尚未全面开展，政策与立法缺少依据和基础。

5.3.3.1 建议的强制条件

根据前文对创意城市发展的客观规律和创意空间的分布、聚合、构成、植入等方式的研究，笔者认为还需要在如下几种城市更新情形中对创意空间和相关的权力机制施行强制要求：

①在城市规划的制定中必须加大针对创意阶层的公租房用地的供给，并容许包含较高比例的非居住功能，打造职住一体的创意社区；

②新建住宅项目必须包含一定比例（不低于10%）的公共租赁用房，控制项目对区域“中产阶级化”的影响程度；

③必须控制创意型城市更新项目所涉及的邻里拆迁量和动迁户数的最高比例，居民和相关的社会组织必须直接参与方案的决策过程；

④以特定创意产业为主导的城市更新项目，即从事创意产业门类的企业占项目入驻企业总数（不包括园区内的商业配套服务企业）70% 以上的项目必须提供创意空间可持续发展（租金水平、企业入驻率等）的长效机制方案；

⑤参考美国 1976 年颁布的《公共建筑合作使用法》(Public Buildings Cooperative Use Act)，公立图书馆、博物馆、文化馆等公共建筑必须为文化、教育和娱乐等与创意相关的活动提供一定数量的建筑面积和室外活动场地，促进闲置建筑资源的创意型再利用；

⑥创意型的项目设计必须去围墙化，业态必须控制商业配套服务功能的最高比例；创意办公的物业持有比例不低于 60%，持有年限不低于 10 年；

⑦重点大学周边 500m 范围内的创意型城市更新项目的策划和论证工作中必须有该大学相关对口部门的人员参与，并给出可能的合作方案，所需开销由开发商承担。

5.3.3.2 容积率和税收激励

容积率直接关系到可开发的空间商品数量，由于级差地租的存在，高地租要求“以非土地投入品（资本和劳动）代替相对昂贵的土地，以更少的土地和更多的非土地投入品提供相同数目的咨询业务”（奥沙利文，2003），即高容积率的开发模式，因此增加用地的容积率可以增加比同等地租下的其他用地更多的开发收益，也可以增加创意产业类用地开发的潜力和创意空间的竞租能力，增强资本的投资意愿。

同时，整个房地产开发项目所涉及的税种繁多，包括耕地占用税、城镇土地使用税、契税、城建税、教育费附加、个人所得税、营业税、印花税、房产税、土地增值税、企业所得税，其中营业税、土地增值税和企业所得税占开发商应缴税费的主要部分。而且税收分为国税和地税两块，涉及国家和地方的税收分成和返还，所以通过房地产开发获得的税收只有一部分可以最终进入地方财政，因此通过税收减免的方式鼓励开发商进行原本主要由地方财政拨款建设的福利性集体消费品和创意空间是政府和开发商互利的策略，国内外皆如此。

增加集体消费就是增加知识、技术、人才的公共供给，进而提升区域的空间和品牌形象，增强竞争力；同时这也是增加年轻创意阶层潜在权力的有效手段，缺少广泛且充分的住房保障政策，上海的创意型城市更新很难在城市中心推行。当然，城市更新生产的保障性住宅等集体消费空间并不是针对单一年轻创意阶层的专享，而是同时惠及当地社区居民的一揽子计划。例如，纽约市法定的奖励性区划（Incentive Zoning）通常以额外的建筑面积补偿形式提供奖励，以换取开发商所提供的公共设施或福利性住房。例如提供公共广场（私人拥有的公共空间）、视觉或表演艺术空间、地铁等基础设施改造，剧院等历史建筑的修缮保护，新鲜食品商店等社区服务设施和经济适用房（包容性住房计划）等。

保障性住房建设是创意型城市更新的重要组成部分，纽约市政府通过出台法定的强制和激励政策保障了在多方合作模式下对福利性集体消费品的供给。在纽约格林帕恩—威廉斯堡的区划变更中，政府的包容性住房计划（Inclusionary Housing program）向开发商提供了较为丰厚的容积率和税收激励政策用来促进保障性住房在城市优质地区的建设。其中，容积率奖励政策的实施包含滨水区和非滨水区两大块。滨水区（Waterfront Area）内的住宅建设项目如果想要获得奖励，则在 R6/R8 混合或 R8 用地中，项目必须提供 20% 的建筑面积给低收入家庭，或者提供 10% 的建筑面积给低收入家庭，且 15% 的建筑面积给中等收入家庭；在 R6 用地中，项目必须提供 7.5% 的建筑面积给低收入家庭，或者提供 5% 的建筑面积给低收入家庭，且 5% 的建筑面积给中等收入家庭。有无奖励的容积率和限高差别较大，容积率差别可以达到 1.62，高度差别可以达到 70 英尺（1 英尺约 0.3m）（表 5.5，图 5.10）。

滨水区项目有无奖励的容积率和限高差别　　**表** 5.5

	没有奖励		有奖励	
	容积率	建筑高度（英尺）	容积率	建筑高度（英尺）
R6/R8 混合	3.7	150/230/330	4.7	150/300 /400
R6	2.43	150	2.75	150
R8	4.88	230/330	6.5	300/400

来源：Greenpoint-Williamsburg Inclusionary Housing Program，2005

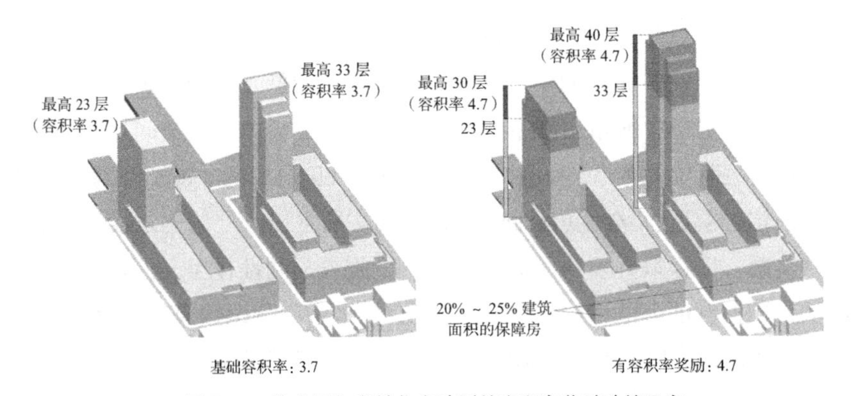

图 5.10 滨水区包容性住房计划的容积率奖励政策示意
（图片来源：Greenpoint-Williamsburg Inclusionary Housing Program，2005）

非滨水区（Non-Waterfront Area）或高地地区（Upland Area）的区划受既有建筑高度的限制，最大高度不能超过 80 英尺。在可以进行住宅开发的用地中，无论在基地内还是在基地外，项目都可以通过为低收入家庭提供占总建筑面积 20% 的保障房而获得额外 33% 的建筑面积或容积率奖励。

对于税收奖励，滨水区的开发项目可以通过在基地内向低收入家庭提供 20% 的住宅单元或向中低收入家庭提供 25% 的住宅单元而享受长达 25 年的 421-a 税收优惠政策，且开发地块内的商品房与保障房可以不在同一个建筑中。在项目基地外累计提供超过 200 套的保障房单元可以获得 15 年的 421-a 税收优惠政策。非滨水区的开发项目有资格获得 15 年的 421-a 税收优惠的权利，如果项目为低收入家庭提供了至少 20% 的住宅单元，那么它的免税权利可以延长至 25 年（表 5.6）。

滨水区和非滨水区的税收激励政策比较 **表 5.6**

	滨水区 421-a 税收优惠	非滨水区 421-a 税收优惠
无保障房提供	0 年	15 年
保障房在基地内供应	25 年——在相同的地块内	25 年——在相同的建筑中
保障房在基地外供应	15 年——累计供给 200 套保障性住宅单元	15 年——补偿性建筑 25 年——保障性住房

来源：Greenpoint-Williamsburg Inclusionary Housing Program，2005

格林帕恩—威廉斯堡的包容性住房计划通过一系列的奖励政策保障了未来开发区内保障房的供应，赋予了低收入者一定的空间权，因未来地产的可能升值而难以负担房租的年轻艺术家等创意阶层可以通过申请保障房而留在此地，避免了苏荷效益。此外，政府把计划实施的较高端住宅项目集中于西北部的滨水区，与腹地保持一定的距离，同时又贯通滨水区、植入开放空间，提高了公共性。

按照同样的思路，可以利用类似的激励政策鼓励用地充裕的国有企业加大人才公寓等使用权房的建设，并在用地政策上协助其落实。根据《上海市城市总体规划（2017—2035 年）》的目标，“至 2035 年，创新群体占就业人口比例大幅增长，新增住房中政府、机构和企业持有的租赁性住房比例达到 20%”。

上海有着合作建房的传统和经验。1949 年后由于权力关系的变化，政府的住房资金主要用于工人新村的建设，但是在资金和建材短缺的情况下依靠国家和上海政府大面积地自上而下建设工人新村的意义更多的在于展示新政权形象，时称“一人住新村，全厂都光荣”，即具有“空间的再现”的意义，解决不了住房短缺的实质问题，也不具有可持续性。相反，以政府、企业和职工三方合作为基础的“自建公助”建房模式取得了更好的效果，建设的完成效率远优于工人新村。其中“职工解决住房本身的资金，企业负责配套设施的资金并协助职工进行贷款，政府主要在提供土地、建筑材料和组织施工力量等方面给予帮助”（李爱勇，2014），在职工（不属于企业的职工也可以申请）还清其所需负担的房屋造价后产权归职工所有，这使得该模式广受欢迎。但因为建设地点往往与规划建设的工人新村邻近，容易造成两者用地和建材供应的矛盾，占用了工人新村的建设资源，再加上贷款难、人口倒流等原因，“自建公助”于 1958 年底被政府叫停。

总体而言，笔者认为应当在创意型城市更新中采取以下奖励措施：①对以创意产业为主导的新建或修缮改造类项目实行容积率和 / 或税收奖励；②对公共租赁房项目实行容积率和 / 或税收奖励；③对于为创意企业或个人提供低于 50% 及以上市场租金价格的创意型项目实行容积率和 / 或税收奖励；④对于非创意型的既有建筑修缮改造项目，若建筑总面积中包含 20% 及以上的创意功能，就可获得容积率和 / 或税收奖励；⑤开发项目所涉及的社区居民达到 50%

及以上原址回迁比例的可获得容积率和/或税收奖励；⑥对于社会组织、开发商、高校人才等相关的权力主体参与社区微更新或环境整治的项目实行政府补贴和税收奖励。

多方合作模式不仅解决了创意空间的数量问题，而且由于省下了建设成本，在专业机构的运营管理和相关评估模式的监管下，创意空间的租金水平必然会有利于创意的长期培育。

5.3.4 发挥市场的力量：K11 和 WeWork 模式

在一个艺术介入日常生活、"大众创业、万众创新"、共享经济等概念层出不穷的时代，单靠政府难以推动城市更新真正满足创意生产和消费之间的供需关系，让市场成为模式的"试金石"和引路人，发挥市场及时的资源配置作用是后福特时代的必然选择。

5.3.4.1 K11 模式——商业资本对艺术空间的支撑

生产和消费环节的相互平衡和促进才可以维持可持续的创意活动。由于存在大量的潜在消费人群，城市中心特别是核心商圈地带对于艺术、设计类的创意空间而言是理想的生产承接地，但是高昂的租金和运营费用增加了大型创意活动在此发生的成本，也减少了创意与消费者互动交流的宝贵机会。商业空间占据了城市最好的地段但往往缺乏创意效益，而商圈之间激烈的竞争又让所有的商业空间思考如何借助于其他元素吸引消费者，扩大商业和社会影响力，为此 K11 提出了将"艺术·人文·自然"三个元素融入商业空间的策略，在商业购物中心里增加了常设的创意空间，为不定期的展览、艺术品展示、艺术家创作等艺术活动提供免费的场所。K11 隶属于新世界发展有限公司，在传统的百货公司模式日渐没落的背景下，2009 年香港尖沙咀的 K11 购物艺术馆项目取得了成功，其中商场自资 2000 万港币在每层都放置了多件共 13 组基本由本地艺术家创作的艺术作品；19 个展览陈列窗遍布于商场各层的店铺之间，展示本地艺术家的作品，展品三个月更换一次；一层还开设了设计商店和展廊，在商业空间中营造了艺术氛围，吸引了大量的消费者。同时，相关的创意活动由专业的社会组织"K11 艺术基金会"进行协调运作。K11 既不是借助艺术来做主题性或体验式的消费，也不是纯粹的艺术展览馆，而是让商业和创意拥有自主的发展空间并相互促进。从此这种策略迅速在全球推广，形成了独特的 K11 模式。

2013 年 6 月，中国大陆首个 K11 项目在上海黄浦区淮海中路 300 号开业。它不仅延续了在商场每层都植入艺术展示空间和艺术品，通过探索性的动线营造创意性消费体验的策略，而且把商场整个 B3 层近 $3000m^2$ 的空间开辟为独立的创意空间（上海 chi K11 美术馆），由 K11 艺术基金会运营，提供免费的艺术展厅、多媒体放映厅、艺术舞台、艺术家工作室和艺术商店，支持了包括"印象派大师 • 莫奈特展""跨界大师 • 鬼才达利"在内的众多重量级的艺术展览。正是因为 K11 艺术基金会为莫奈展免费提供了场地，才得以让策展公司缩减了三分之一的成本，顺利地把艺术大师的作品引进国内与民众分享；而展厅所在的绝佳区位和充足的人流量又让展览与商场实现了双赢，在将近 4 个月的特展中吸引了 40 万观展人次，K11 的日常营业额增长了 20%。K11 给我们提供了一个商业与创意深层次合作的绝佳范例，克服了公立创意机构的局限性，增加了创意空间进入城市核心地段的机会和权利，但是城市管理部门却没能理解它的价值，依据固有的条例对其进行了处罚（倪冬，2016）。

5.3.4.2　WeWork 模式——让流动的创意阶层扎根城市中心

中小微企业的成员年轻、数量少且流动性高，对场地租金等成本因素十分敏感。城市办公空间的租金差别很大，租金便宜的空间往往交通不便、配套设施少，或者地段良好但空间陈旧、布局拥挤、物业等服务一般，年轻的创意阶层只能抱着妥协将就的心态在其中工作；而市中心的好地段、高质量的办公空间往往租金很贵，同时甲级写字楼的办公空间很难按日按工位进行出租，无法满足中小微企业灵活性的特征，小团队也很难在其中获得共享办公区域和行政服务，更难以获得归属感和文化认同。

针对这一问题，致力于开发联合办公空间的 WeWork 于 2010 年在美国纽约成立。它利用市场善于发掘存量空间和潜在办公需求的优势，用较为优惠的价格（10% ~ 20% 的折扣）在市中心租下整栋或整层建筑，然后重新装修，拆分成独立分隔或开敞公共的办公空间出租给不同规模的创业团队，然后每月向签署短期协议的租户溢价征收租金费用；选择移动工位的会员可以在选择一个地点作为主要的 WeWork 办公地点的同时以 50 美金 /d 的价格预订全球其他的

WeWork 办公空间。上海地区 WeWork 移动工位的租金大约为 2000 人民币 / 月（不同门店的价格有差异），可以 24h 使用，略贵于市场价，但是它不仅仅提供了办公空间，还提供与办公相关的几乎一切硬件服务，让企业和个人更加专注于工作事务而不被各种琐事打扰。不仅如此，WeWork 还免费提供传统的写字楼运营商所无法提供的软件服务，例如定期组织投融资对接会、招聘会，介绍医疗、会计、财务、法律等职业服务；利用 WeWork Commons 建立线上全球会员系统，并通过每周的聚会加强线下社区成员的交流；目前还在纽约和华盛顿开展了长租业务 WeLive，为会员提供居住、健身等生活服务。

WeWork 在城市核心地段为企业提供高品质的创意空间和精细且全面的硬件服务成为创意文化培育的空间基础，职业、社交和生活等软件服务又进一步地促进了社区归属感和文化认同，形成了一个彼此碰撞思想、推介创意、互帮互助的文化群体。它的创始人这样说道：“当我们在 2010 年创办 WeWork 的时候，我们希望它不仅仅是一个美丽舒适的办公空间，而是一个可以让‘我’融入‘我们’的共享社群。”凭借着优异的用户体验和口碑营销，以及较高的去化速度和溢价租金，WeWork 模式迅速在全球范围内推广，2018 年在 65 个城市中有 345 个办公地点（上海有 11 家），以社区文化培育的方式把大量初创型的创意企业和年轻创意阶层留在了市中心，形成了全球性的创意空间网络（图 5.11、图 5.12）。

图 5.11　WeWork 联合办公空间在纽约市中心密集分布

（图片来源：WeWork 官网）

图 5.12　由鸦片工厂和艺术家住宅改造而来的 WeWork 上海威海路店
（图片来源：WeWork 官网）

5.3.5　创意项目的金融化资助

创意空间是承载创意项目的物质实体，若没有充足的创意项目填充和适宜创意发展的政策环境，创意空间对于创意城市而言也只是空中楼阁。因此，创意型的城市更新模式不仅要关注创意空间生产中的权力组织，还要关注对主要创意主体（创意企业和创意阶层）的直接支持，引导资源要素向创意主体集聚，减轻文化创意企业负担，进一步保障市场主体的创意活力。

目前国内对创意主体的资助主要是通过政府提供的文化创意产业发展专项资金和对企业贷款实行优惠的方式，但是完善的金融化支持体系还没有建立起来。为此，上海市《关于加快本市文化创意产业创新发展的若干意见》中指出了“发挥产业基金撬动放大效应，构建文化创意投融资体系，充分利用多层次资本市场”等金融举措。此外，对于知识产权的保护也是对创意阶层和创意企业的重要资助。创意阶层所拥有的知识是他们职业发展和创意成果产出的基础（对于创意企业也同样如此），也是经济发展的根本动力，保障知识产权、支持原创性的创意成果产出就是保障创意阶层和创意产业的根本权力。

5.4　小结

本章提出了基于资源共享、合作共赢基础上的“政府—市场—社会”多方权力主体的合作伙伴关系。通过研究社会力量强化的途径、公民空间权调整的策略、项目中的强制与激励政策、相关促进创意培育的市场模式、对创意项目的金融化资助方式以及全球性的合作伙伴关系，构建出基于多方权力主体合作的资源再分配或权力转移机制（图 5.13）。

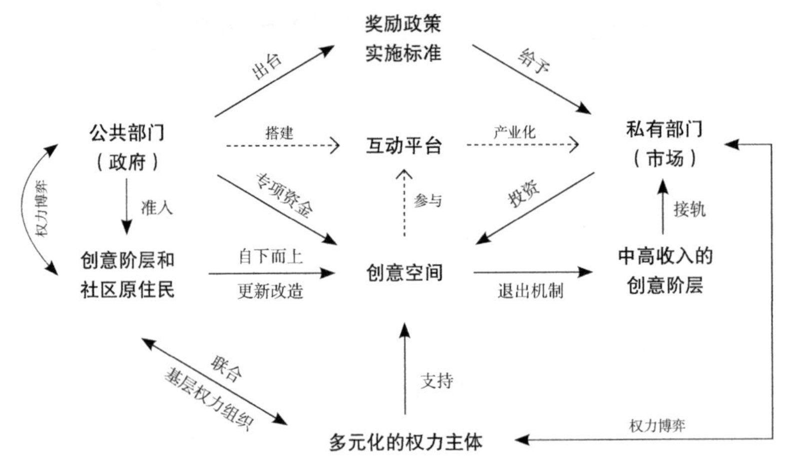

图 5.13　创意型城市更新的多方合作关系示意

（1）加强创意阶层和社区的权力组织

苏荷的艺术家们通过组建各种协会把分散的个体权力汇集成了有着强烈文化认同和共同利益的权力共同体，为争取空间权利奠定了基础。格林帕恩—威廉斯堡的居民同样通过自组织的方式为自己争取到了更多的空间权。基于中国国情，应加强以群众利益为根本的基层权力体系的构建，充分赋权于街道办事处、居委会等机构，将城市社区居民进行有效的权力组织，让他们充分实现自己的诉求。

（2）构建多元化的支持主体

苏荷之所以能够留存并能让创意空间在一定时期内持续地生产，其关键在于多样的权力主体组成了支持力量，并在博弈中取得了成功。除了协调好核心利益体中的权力之外，不具有直接空间权利的间接利益体的作用也十分重要，应当充分发挥媒体、学者、社会组织等的能动性，通过舆论监督、参与规划等方式推动创意型城市更新向良性方向发展。

（3）制定创意型城市更新的奖励政策和实施标准

在格林帕恩—威廉斯堡的社区居民和开发商进行协商、博弈之前，政府就已经制定了详细的奖励 / 补偿政策和实施标准作为既定的公私合作框架。这不仅提高了纯商业性资金进入公共品领域的积极性，弥补了自下而上城市更新的诸多不足；而且还增加了合作和管理的效率，加速了既有建筑的再利用率和更新进程。

（4）建立创意产业的互动平台

相关政府部门或社会组织应在各个创意社区内或社区之间积极搭建有利于创意产品生产—消费的产业平台，如文化创意产业园、社区文化中心、艺术村等，加速创意产业化，增强不同产业门类和人员的互动，充分发挥创意的集聚和辐射效应，从根本上增强创意阶层的社会经济权力。

第 6 章　创造可持续性的城市创意氛围：CPS 的整合

我们绝无可能在一个四分五裂、毫无凝聚力的社会中保持强大的创意经济。

—— Richard Florida

（佛罗里达，2010）

创意城市必然具有创意氛围，但是城市创意氛围的营造不会一蹴而就，它是一个缓慢的培育过程。独立性的创意空间建设、创意产业政策或权力机制改革并不能为城市带来持续性的创意氛围，创造创意氛围的本质在于创意文化的培育。根据 CPS 理论框架，文化与权力、空间三者存在无法分割的相互作用关系，它们各要素之间的联系具有时序性和对应性，因此创意城市建设需要通过城市更新进行符合客观规律的多层次创意空间建设、全社会系统性的协作和资源的深层次转移、整合，即在一定的时空序列上形成“文化—权力—空间”模式的整合。

6.1　阶段 1：新的“权力—文化”触发城市更新

作为中国乃至全球生产链条上的重要一环，产业结构的调整构成了上海从工业城市向创意城市转变的最重要的原因，阶层的权力和文化范式随之产生于不断调整的生产结构之中。顶层政治经济条件的变化改变了主体之间的权力关系和社会文化环境，主要以物质空间为实践对象的城市更新随即作为响应顶层变化的战略被提出。正如第 1 章所下的定义：“城市更新源于在集聚的条件下，各种文化共同体在不同权力关系中的互动所导致的资源的再分配和再生产过程，即城市空间的重组，它涉及生产、交换、消费、行政和符号五个要素”。

从历史上看，1949 年 10 月后根据中央的统一部署和国际形势，上海开始“从消费型城市向生产型城市转型”，具体举措表现为“调整工业结构，优先发展重工业；改组商业行业，突出为普通民众服务；实施人口疏散，减少消费人口规模”（张励，2015）。从此，上海由一个多功能的外向型经济中心城市转变成单一功能的内向型生产中心城市，逐渐成为中国的重要工业基地和财政支柱。这个时期上海的工人阶级和大型国有企业的权力主导了上海的发展，工业文化、集体主义的价值观影响了整整一代上海人。政府的社会主义意识形态触发了 20 世纪 50 年代到 70 年代对里弄等私有日常生活空间的规训整顿、工人新村的建设（如“一千零两户”工人住宅和“二万户”工人住宅项目）、公共空间的建设（如人民公园和人民广场）、商业空间的调整或关闭（如天津路）等空间现象。改革开放后，新自由主义介入上海的政治经济运行轨道，城市的权力、空间和文化认同要素随之发生巨变。进入 21 世纪，面对全球创意经济的快速发展，“权力—文化”环境正在发生着深刻的改变，新一轮的国家和城市竞争触发了创意型的城市更新运动（图 6.1）。

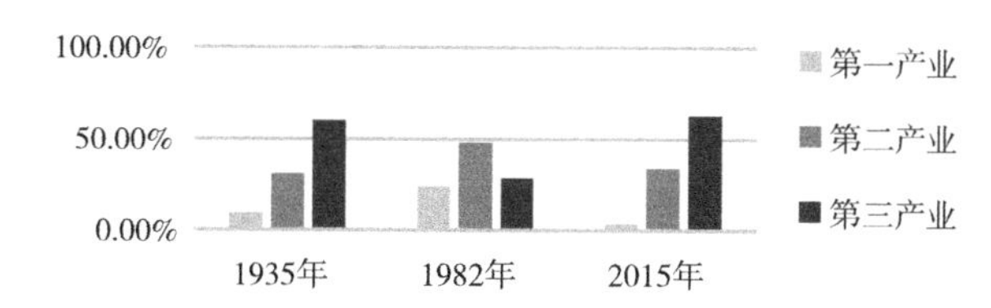

图 6.1　不同年份的上海产业人数比重（1935 年、1982 年和 2015 年）

6.2　阶段 2-1：“文化—空间”要素的培育和生产

各种形式的创意型城市更新必然先于作为城市发展战略提出的“城市更新”。换言之，随着创意文化在城市中的蔓延，自发的、纯市场化的创意空间建设要先于城市发展规划和一系列相关的政策制定，而创意文化的自我培育和正效应的显现又会对城市政策产生积极的影响。对于国内老旧住区的创意型更新而言，它们普遍经历了空间上由单体到沿街面再到街区，功能上由单纯的居住拓展到发挥经济、社会和文化综合职能的阶段。

例如，自20世纪80年代末开始，苏州古城中老旧社区的更新实践经历了从住宅单体的改造（“古宅新居”工程），到街巷更新，再到整个街坊更新的探索历程。其中，十梓街巷50号传统民居的改造在保持原有外观和空间结构的前提下实现了大家族混用向现代多户合用的居住空间模式的转变；对桐芳巷街坊的改造通过对用地的多层次划分实现了精细化的开发控制；阮仪三等学者对平江历史街区进行的系统性的保护规划研究及实践，既保护了社区的物质遗产，又延续了社区结构和文脉（阮仪三 等，1999）。如今，一些创意企业和手工作坊不断入驻平江路历史街区，沿着若干街巷自发形成创意集聚带，并与周边的老旧住区互相联系、嵌套，继而形成创意社区的形态。

2019年3月，《深圳市城中村（旧村）综合整治总体规划（2019—2025）》发布，选定的七个试点城中村（罗湖区的梧桐AI生态小镇、南山区的南头古城等）均是创意文化的集聚地。它们将结合自身的生态环境、历史文化、民俗文化、滨海风貌等特色，不采取大拆大建的方法，通过综合整治让自身面貌实现重塑，是政府维护、扶持、推进老旧住区创意转型的新思路。

总体上，根据创意阶层的文化习惯和创意空间的客观分布规律（元创新理论体系和创意社区理论），创意型的城市更新需要在基于对建筑、街区环境品质、社会空间分异度以及区域创意潜力等条件的评估基础上，在宏观上：首先，定位城市更新拓展区；其次，进一步整合产业区和公共社区，强化高校的带动作用和增加创意空间的生产，打通“生产—消费—交换”的连续通道。在中微观上：首先，联动城市控制性详细规划和城市更新单元的编制工作；其次，研究并推广创意空间的设计策略，如边界开放、弹性利用地块；再次，加快既有空间的创意转型，增加文化基础设施与城市公共空间的配套建设。更进一步，在创意生产的层面，我们必须更细致地去研究创意空间的激发、创意企业的市场权力、企业内部的组织关系等内容，创意空间的建设和一系列配套的权力体系构建同时推动。

6.3　阶段 2-2："空间—权力"要素的培育和生产

经济基础的改变所造成的权力分异必然会导致新的不平等与新的社会问题，纯粹的市场行为并不必然产出"创意"，更不必然"至善"。因此，创意空间的生产需要通过相匹配的权力设计进行保障和调节，权力机制的构建是创意型城市更新中的重要环节。即空间环境创新之外还需要体制、机制的创新和变革。从这个角度来看，可以把城市更新视为一种公共政策（public policy）。其中，基于不同的城市更新路径的研究，构建多元主体参与、多方合作的权力机制是最有效的创意资源的分配途径。

多方合作的权力机制若要顺利推进，离不开与之相匹配的主体权力关系。在经济或产业结构调整趋于稳定之后，通过一系列的空间策略和行政手段对资源进行重新分配是调整和重塑各社会阶层权力的关键，其中，我国的社会力量需要强化，公民的空间权需要调整，政府需要与市场达成一系列的强制与激励政策，充分发挥市场的能动性。这是政府、开发商、公众、社会组织之间漫长的权力博弈过程，创意阶层的权力扎根其中。而资源分配和权力博弈的结果可以直接在社会空间上体现出来。借用卡斯特的理论，"政治系统与空间的链接是围绕两种基本的关系组织起来的，这两种关系即统治—规范关系（the relation of domination-regulation）和整合—镇压关系（the relation of integration-repression）。这两种关系定义了政治制度系统并因此决定了它的空间位置。制度性空间，一方面由空间的分割来表达，如政区、城市等；另一方面，它也作用于空间中的经济组织，实施对经济系统的各要素的规范功能，即行政管理的空间化"（牛俊伟，2015）。在宏观上主要涉及政治经济地理学的研究，微观上可以结合建筑学和福柯的微观权力理论进行研究。

6.4　阶段 3：创意文化的内化和发展

根据 CPS 框架，在创意型的城市更新中，文化（培育）是关键，权力（机制）是保障，（创意）空间是基础。笔者在前文指出："文化是一个属类的规则，它是在一个集团或一个社会的不同成员中反复发生的行为模式"，它是创意氛围形成的本质要素。文化培育是个持续的过程，因此，需要城市更新为创意的培育构建连续持久而非朝令夕改的行动框架和路径，以达成既定的目标。然后形成新的“权力—文化”诉求，新一轮的城市更新又将开始。

若一个城市的公民共享着一种理想的创意文化，那么创意城市的建设或创意型城市更新则会自然且顺利地发生，与之配套的规则制度和城市空间格局会不断地自我优化完善。若没有合适的创意文化氛围，纵然有着理想化的创意空间设计和推动项目的多方合作框架，最终的城市更新效果也会大打折扣，资源错置在所难免。创意型城市更新的根本目的并不是发展创意产业，更不是利用创意带动投资，而是通过一系列公众可以直接参与的创意空间建设和权力机制调整去培育创意文化。概言之，把战略性的行动内化为文化自觉，再通过文化促进创意城市的可持续发展（图 6.2）。

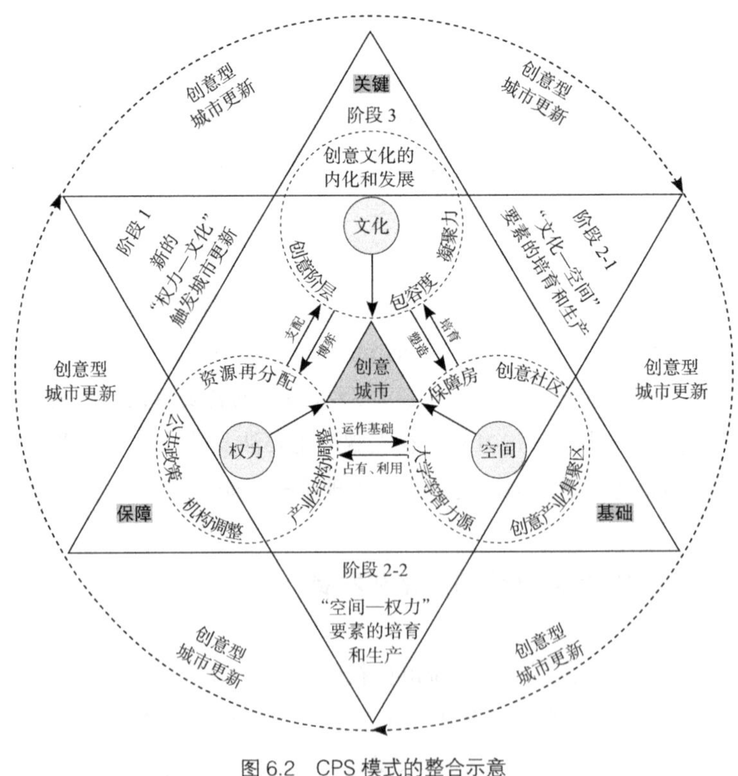

图 6.2　CPS 模式的整合示意

6.5　展望

年轻的创意阶层必然处于整个社会资源的再生产、再分配系统中，若缺少有效的权力支持和保障措施以及宽松包容的社会文化氛围，创意阶层在城市中心便很难落脚。因此若不解决社会极化等关乎社会公平公正的问题，可持续性的创意文化氛围便不可能得到培育。支持创意项目的资金和空间等物质指标容易达成，但软件难得。正如艾伦•斯科特教授所言："今天的大城市可能会拥有前所未有的创新能力，但它们也是社会、文化和经济不平等现象的重灾区，如果这些问题依然存在，那么创意城市便没有真正达成最终的目标。这不仅仅是一个收入分配的问题，它还涉及公民权和民主的基本问题，以及如何发动所有的社会阶层充分融入积极的城市生活之中的问题，这不仅仅关乎自身的利益，而且也是充分释放最广大人民创意的一种途径。"（Scott，2010）

新的空间关系是从国家（政府）、金融资本和土地利益的权力结盟与博弈中创造出来的，每个空间都在塑造各自的文化，划定特定的权力范围，暗示着权力的合法性，彰显着权力景观。经济和政治的转型伴随着文化空间结构的转变。在城市更新的过程中，每个城市系统都必须按主导的城市功能诉求进行调整，在转型中往往是痛苦和极不情愿的。新的城市空间系统与文化建构同时进行，即结构的制约性与使动性并存，体现为整体的城市文化氛围和时代精神。如果说那些有价值、应该保留下来的文化创意空间是因为过快的发展速度而来不及反思从而消失的话，毋宁说是因为有着更加包容性的城市更新意识的文化共同体还未来得及获得贯彻代表其价值观的空间权力，资本的权力和逻辑就已经快速、优先占据了主动。

长远来看，以满足公共利益为己任的政府的行政权力，以及权力不断增加的大众阶层的利益诉求和行动必然会对资本的权力产生一定的制约力（虽然还远未凝聚成为强大的空间阻力和社会推动力），这使得权力的博弈和空间的争夺可能会朝着满足公共利益的方向发展。但如今，地产导向的经济发展模式已经造成了较为严重的资源错置，除了若干大城市有较好的发展现状，存在大多数城市普遍内需乏力、高新制造业萎靡、产业升级和创意发展的势头疲软等状况。因此，不能仅仅依靠顶层设计，处于广大人民群众中的创意阶层（包括研究人员、学者）应该团结起来努力寻找他们的共同利益和共同奋斗目标，从自在阶级转变为自为阶级，从而主动为更加包容、更加可持续的城市创意氛围进行不懈的权力和空间争夺。

参考文献

1. **普通图书**

阿朗索，2010. 区位和土地利用 [M]. 梁进社，译 . 北京：商务印书馆 .

埃兹科维兹，2013. 国家创新模式：大学、产业、政府的“三螺旋”创新战略 [M]. 周春彦，译 . 北京：东方出版社 .

安德森，多莫什，等，2009. 文化地理学手册 [M]. 李蕾蕾，张景秋，译 . 北京：商务印书馆 .

奥沙利文，2003. 城市经济学 [M]. 苏晓燕，常荆莎，朱雅丽，译 . 北京：中信出版社 .

巴格比，1987. 文化：历史的投影 [M]. 夏克，李天纲，陈江岚，译 . 上海：上海人民出版社 .

布尔迪厄，2015. 区分：判断力的社会批判 [M]. 刘晖，译 . 北京：商务印书馆 .

布拉肯，2015. 上海里弄房 [M]. 孙娴，粟志敏，吴咏蓓，译 . 上海：上海社会科学院出版社 .

布朗，2014. 福柯 [M]. 2 版 . 聂保平，译 . 北京：中华书局 .

程新章，2014. 全球生产网络视角下上海创新型城市转型：基于创新系统的研究 [M]. 北京：中国经济出版社 .

德波，2006. 景观社会 [M]. 王昭风，译 . 南京：南京大学出版社 .

迪梅尼尔，莱维，2015. 大分化：正在走向终结的新自由主义 [M]. 陈杰，译 . 北京：商务印书馆 .

费斯克，2001. 理解大众文化 [M]. 王晓珏，宋伟杰，译 . 北京：中央编译出版社 .

福柯，1999. 规训与惩罚：监狱的诞生 [M]. 刘北成，杨远婴，译 . 北京：生活 • 读书 • 新知三联书店 .

弗兰姆普敦，2007. 建构文化研究：论 19 世纪和 20 世纪建筑中的建造诗学 [M]. 王骏阳，译 . 北京：中国建筑工业出版社 .

佛罗里达，2010. 创意阶层的崛起 [M]. 司徒爱勤，译 . 北京：中信出版社 .

佛罗里达，2019. 新城市危机：不平等与正在消失的中产阶级 [M]. 吴楠，译 . 北京：中

信出版社 .

格利高里，厄里，2011. 社会关系与空间结构 [M]. 谢礼圣，吕增奎，等，译 . 北京：北京师范大学出版社 .

顾哲，侯青，2014. 基于公共选择视角的城市更新机制研究 [M]. 杭州：浙江大学出版社 .

郭恩慈，2011. 东亚城市空间生产：探索东京、上海、香港的城市文化 [M]. 台北：田园城市文化 .

哈维，2009. 新帝国主义 [M]. 初立忠，沈晓雷，译 . 北京：社会科学文献出版社 .

哈维，2010a. 新自由主义简史 [M]. 王钦，译 . 上海：上海译文出版社 .

哈维，2010b. 资本的空间：批判地理学刍论 [M]. 王志弘，王玥民，译 . 台北：群学出版有限公司 .

哈维，2013. 后现代的状况：对文化变迁之缘起的探究 [M]. 阎嘉，译 . 北京：商务印书馆 .

黄琳，张京成，2015. 中国创意城市指数评价体系研究 [M]. 北京：中国城市出版社 .

吉登斯，2015. 社会理论的核心问题：社会分析中的行动、结构与矛盾 [M]. 郭忠华，徐法寅，译 . 上海：上海译文出版社 .

吉登斯，2016. 社会的构成：结构化理论纲要 [M]. 李康，李猛，译 . 北京：中国人民大学出版社 .

科斯洛夫斯基，2011. 后现代文化：技术发展的社会文化后果 [M]. 毛怡红，译 . 北京：中央编译出版社 .

兰德利，2009. 创意城市：如何打造都市创意生活圈 [M]. 杨幼兰，译 . 北京：清华大学出版社 .

李彦伯，2014. 上海里弄街区的价值 [M]. 上海：同济大学出版社 .

李志刚，顾朝林，2011. 中国城市社会空间结构转型 [M]. 南京：东南大学出版社 .

列斐伏尔，2015. 空间与政治 [M].2 版 . 李春，译 . 上海：上海人民出版社 .

卢汉超，2004. 霓虹灯外：20 世纪初日常生活中的上海 [M]. 段炼，吴敏，子羽，译 . 上海：上海古籍出版社 .

卢克斯，2008. 权力：一种激进的观点 [M]. 彭斌，译 . 南京：江苏人民出版社 .

罗伯茨，塞克斯，2009. 城市更新手册 [M]. 叶齐茂，倪晓晖，译 . 北京：中国建筑工业出版社 .

罗杰斯，2004.. 个人形成论：我的心理治疗观 [M]. 杨广学，等，译 . 北京：中国人民大学出版社

罗西，2006. 城市建筑学 [M]. 黄士钧，译 . 北京：中国建筑工业出版社 .

牟振宇，2012. 从苇荻渔歌到东方巴黎：近代法租界城市化空间过程研究 [M]. 上海：上海世纪出版集团 .

牛俊伟，2015. 城市中的问题与问题中的城市：卡斯特《城市问题：马克思主义的视角》研究 [M]. 北京：社会科学文献出版社 .

诺克斯，平奇，2005. 城市社会地理学导论 [M]. 柴彦威，张景秋，等，译 . 北京：商务印书馆 .

萨森，2011. 全球化及其不满 [M]. 李纯一，译 . 上海：上海书店出版社 .

沙森，2005. 全球城市：纽约、伦敦、东京 [M]. 周振华，译 . 上海：上海社会科学院出版社 .

上海市文化事业管理处，2015. “十三五”时期上海文化设施建设的初步思考 [M]// 荣跃明 . 上海蓝皮书：上海文化发展报告（2015）. 北京：社会科学文献出版社 .

《上海住宅建设志》编纂委员会，1998. 上海住宅建设志 [M]. 上海：上海社会科学院出版社 .

《上海房地产志》编纂委员会，1999. 上海房地产志 [M]. 上海：上海社会科学院出版社 .

沈华，1993. 上海里弄民居 [M]. 北京：中国建筑工业出版社 .

史密斯，2005. 文化：再造社会科学 [M]. 张美川，译 . 长春：吉林人民出版社 .

SOJA E W，2005. 第三空间：去往洛杉矶和其他真实和想象地方的旅程 [M]. 陆扬，等，译 . 上海：上海教育出版社 .

苏秉公，2011. 城市的复活：全球范围内旧城区的更新与再生 [M]. 上海：文汇出版社 .

塔隆，2016. 英国城市更新 [M]. 杨帆，译 . 上海：同济大学出版社 .

万勇，2014. 近代上海都市之心：近代上海公共租界中区的功能与形态演进 [M]. 上海：上海人民出版社 .

王晓磊，2014. 社会空间论 [M]. 北京：中国社会科学出版社 .

武廷海，张能，徐斌，2014. 空间共享：新马克思主义与中国城镇化 [M]. 北京：商务印书馆 .

宣国富，2010. 转型期中国大城市社会空间结构研究 [M]. 南京：东南大学出版社 .

肖特，2015. 城市秩序：城市、文化与权力导论 [M].2 版 . 郑娟，梁捷，译 . 上海：上海人民出版社 .

亚里士多德，1965. 政治学 [M]. 吴寿彭，译 . 北京：商务印书馆 .

杨上广，2006. 中国大城市社会空间的演化 [M]. 广州：华东理工大学出版社 .

杨宇振，2016. 资本空间化：资本积累、城镇化与空间生产 [M]. 南京：东南大学出版社 .

姚子刚，2016. 城市复兴的文化创意策略 [M]. 南京：东南大学出版社 .

曾军，陈鸣，朱洪举，2010.. 创意城市：文化创造世界 [M]. 上海：格致出版社，上海人民出版社

曾澜，2015. 提升上海文创园区服务内涵，激发园区小微企业活力 [M]// 荣跃明 . 上海文化发展报告 2015："十三五" 时期上海文化发展研究 . 北京：社会科学文献出版社 .

张济顺，2015. 远去的都市：1950 年代的上海 [M]. 北京：社会科学文献出版社 .

张剑明，2004. 老上海百业指南 [M]. 上海：上海社会科学院出版社 .

周永平，2015. 新天地非常道：寻找一条城市回家的路 [M]. 上海：文汇出版社 .

朱剑飞，2018. 形式与政治：建筑研究的一种方法 [M]. 上海：同济大学出版社 .

朱轶佳，2015. 1990 年以来上海建设用地扩展的时空演化特征研究 [M]// 中国城市规划协会 . 新常态：传承与变革——2015 中国城市规划年会论文集 . 北京：中国建筑工业出版社 .

ZUKIN S，2006. 城市文化 [M]. 张廷佺，杨东霞，谈瀛洲，译 . 上海：上海教育出版社 .

佐金，卡辛尼兹，陈向明，2016. 全球城市 地方商街：从纽约到上海的日常多样性 [M]. 张伊娜，杨紫蔷，译 . 上海：同济大学出版社 .

BIRCH E，GRIFFIN C，JOHNSON A，STOVER J，2013. Arts and culture institutions as urban anchors[M]. Philadelphia：Penn Institute for Urban Research，University of Pennsylvania Press.

BORRUP T，2006. The Creative Community Builder’s Handbook：How to Transform Communities Using Local Assets，Art，and Culture[M]. Saint Paul，MN：Fieldstone Alliance.

CASTELLS M，1977. The Urban Question：A Marxist Approach[M]. translated by Alan Sheridan. Cambridge，MA：MIT Press.

CASTELLS M，1983. The City and the Grassroots：A Cross-cultural Theory of Urban Social Movements[M]. London：Edward Arnold（Publishers）Ltd.

FISHER R，URY W，PATTON B，2012. Getting to Yes：Negotiating Agreement Without

Giving In[M]. 2nd ed. New York City：Random House.

FRIEDMAN S B，2016. Successful Public/Private Partnerships：From Principles to Practices[M]. WashingtonDC：Urban Land Institute.

GOULD K A，LEWIS T L，2017. Green Gentrification：Urban sustainability and the struggle for environmental justice[M]. New York City：Routledge.

HE J，2014. Creative Industry Districts：An Analysis of Dynamics，Networks and Implications on Creative Clusters in Shanghai[M]. Switzerland：Springer International Publishing.

HOLL M，2015. Sustainable Development and Planning VII [M]// CALDELAS R R. Urban Planning from A Top-down to A Bottom-up Model：The Case of Mexicali，Mexico. Southampton：WIT Press.

LEES L，SLATER T，WYLY E，2008. Gentrification[M].New York City：Routledge.

LEFEBVRE H，1991. The Productionof Space[M]. translated by Donald Nicholson Smith. Oxford，UK：Basil Blackwell Ltd.

MARKUSEN A，GADWA A，2010. Creative Placemaking[M]. Washington DC：National Endowment for the Arts.

OLDENBURG R，1989. The Great Good Place：Cafes，Coffee Shops，Bookstores，Bars，Hair Salons，and Other Hangouts at the Heart of a Community [M]. UK：Marlowe & Co.

SHKUDA A，2016. The Lofts of SoHo：Gentrification，Art，and Industry in New York，1950–1980[M]. Chicago，Illinois：University of Chicago Press.

TSENKOVA S，2002. Urban regeneration：learning from the British experience[M]// TSENKOVA S. Partnerships in urban regeneration：from 'top down' to 'bottom up' approach. Calgary：Faculty of Environmental Design，University of Calgary.

ZUKIN S，1982. Loft Living：Culture and Capital in Urban Change[M]. Baltimore，Maryland：Johns Hopkins University Press.

2. 科技报告

杨浦区统计局，2013. 第六次全国人口普查上海市杨浦区数据资料汇编 [R]. 上海杨浦

区统计局 .

Atlanta Regional Commision, 2011. Quality Growth Toolkit: Mixed-Use Development[R]. Atlanta Regional Commision.

Center for Applied Transect Studies, 2009. SmartCode (Version 9.2) [R]. The Town Paper.

New York City Department of City Planning, 2005. Greenpoint-Williamsburg Rezoning EIS[R].

Oregon Department of Land Conservation and Development, 2009. Commercial and Mixed-Use Development Code Handbook[R]. Oregon Transportation and Growth Management Program.

SEN N, 2016. Creative Transformation: Arts, Culture, and Public Housing Communities[R]. Naturally Occurring Cultural Districts NY (NOCD-NY) Roundtable Report.

TOGNI L, 2015. The creative industries in London[R]. Greater London Authority.

World Bank, Development Research Center of the State Council, the People's Republic of China, 2014. Urban China: Toward Efficient, Inclusive, and Sustainable Urbanization[R]. Washington DC: World Bank.

3. **学位论文**

李爱勇, 2014. 1950-1980 年的上海私有住房：城市中的意识形态、私房权利和住房空间 [D]. 上海：华东师范大学思勉人文高等研究院 .

刘翔, 2010. 中国服务型政府构建研究：基于社会治理结构变迁的视角 [D]. 上海：复旦大学国际关系与公共事务学院 .

孟庆源, 2008. “两级政府、三级管理”体制下上海社区管理的困境与思考 [D]. 上海：上海交通大学国际与公共事务学院 .

钟晓华, 2012. 行动者的空间实践与社会空间重构：田子坊旧街区更新过程的社会学解释 [D]. 上海：复旦大学城市社会学系 .

朱晓青, 2011. 基于混合增长的“产住共同体”演进、机理与建构研究 [D]. 杭州：浙江大学建筑工程学院 .

LEE H，2017. Creative Small Businesses and Their Economic Impact on New York City's Neighborhoods[D]. Columbia University：Graduate School of Architecture，Planning and Preservation.

LOEHR S，2013. Mixed-Use，Mixed Impact：Re-Examining the Relationship between Non-Residential Land Uses & Residential Property Values[D]. Columbia University：Graduate School of Architecture，Planning and Preservation.

SENAPE A J，2008. Redevelopment of the Bethlehem Steel site：a public history perspective[D]. Lehigh University：Department of History.

4. 期刊中析出的文献

安悦，2013. 上海创意产业园区产业分异与形成机制研究 [J]. 上海城市规划（4）：69-77.

布洛萨，汤明洁，2016. 福柯的异托邦哲学及其问题 [J]. 清华大学学报：哲学社会科学版 31（5）：155-162.

陈跃刚，吴艳，2010. 上海市知识服务业空间分布研究 [J]. 城市问题（8）：64-69.

褚劲风，2009. 上海创意产业园区的空间分异研究 [J]. 人文地理，（2）：23-28.

崔月琴，2009. 转型期中国社会组织发展的契机及其限制 [J]. 吉林大学社会科学学报，49（3）：20-26.

董玛力，陈田，王丽艳，2009. 西方城市更新发展历程和政策演变 [J]. 人文地理，109（5）：42-46.

福柯 M，2006. 另类空间 [J]. 王喆，译 . 世界哲学，（06）：52-57.

顾书桂，2014. 论上海住房保障体系的局限性与土地财政转型 [J]. 学术研究，（3）：63-69.

郭淳彬，2012. 上海文化设施布局规划研究 [J]. 上海城市规划，（3）：33-37.

郭旭，田莉，2018. 自上而下还是多元合作：存量建设用地改造的空间治理模式比较 [J]. 城市规划学刊，242（2）：66-72.

郭忠华，2004. 转换与支配：吉登斯权力思想的诠释 [J]. 学海，（3）：48-54.

黄涛，沈麒，刘群星，2013. 上海市居住房屋建筑分类的历史沿革及分类研究 [J]. 住宅科技，33（5）：50-54.

厉无畏，2008. 迈向创意城市 [J]. 上海经济，（11）：5-7.

厉无畏，2014. 文化创意产业集聚区建设：以中国文化创意产业先行区上海为例 [J]. 甘肃社会科学，（3）：1-6，15.

陆锡明，顾啸涛，2011. 上海市第五次居民出行调查与交通特征研究 [J]. 城市交通，9（5）：1-7.

栾峰，王怀，安悦，2013. 上海市属创意产业园区的发展历程与总体空间分布特征 [J]. 城市规划学刊，207（2）：70-78.

牛俊伟，2014. 从城市空间到流动空间：卡斯特空间理论述评 [J]. 中南大学学报（社会科学版），20（2）：143-148.

强欢欢，吴晓，王慧，李泉葆，2016. “职住平衡”视角下新就业人员的职住空间平衡关系及其内在影响因素：以南京市主城区为例 [J]. 城市规划学刊，230（4）：75-81.

邱衍庆，黄鼎曦，刘斌全，2019. 创新导向的建成环境更新：从新趋势到新范式 [J]. 规划师，35（20）：53-59.

阮仪三，刘浩，1999. 苏州平江历史街区保护规划的战略思想及理论探索 [J]. 规划师（1）：44-50.

沈娉，张尚武，2019. 从单一主体到多元参与：公共空间微更新模式探析：以上海市四平路街道为例 [J]. 城市规划学刊 250（3）：103-110.

石国亮，2011. 中国社会组织成长困境分析及启示：基于文化、资源与制度的视角 [J]. 社会科学研究（5）：64-69.

石忆邵，吴婕，2014. 资源紧约束背景下上海城乡土地利用方式的转变 [J]. 上海城市规划（5）：1-7.

苏宁，2016. 美国大都市区创新空间的发展趋势与启示 [J]. 城市发展研究 23（12）：50-55.

孙洁，2014. 创意产业空间集聚的演化：升级趋势与固化、耗散：来自上海百家园区的观察 [J]. 社会科学（11）：50-58.

唐子来，奚慧，冯立，2009. 中国 2010 年上海世博会城市最佳实践区：从世博亮点项目到街区改造范例 [J]. 时代建筑（4）：24-28.

童明，2010. 创意与城市 [J]. 时代建筑（6）：6-15.

王丰龙，刘云刚，2013. 空间生产再考：从哈维到福柯 [J]. 地理科学 33（11）：

1293-1301.

王慧敏，2012. 文化创意产业集聚区发展的 3.0 理论模型与能级提升——以上海文化创意产业集聚区为例 [J]. 社会科学（7）：31-39.

王骏阳，2016. 日常：建筑学的一个“零度”议题（上）[J]. 建筑学报（10）：22-29.

王兰，吴志强，邱松，2016. 城市更新背景下的创意社区规划：基于创意阶层和居民空间需求研究 [J]. 城市规划学刊 230，（4）：54-61.

王林，2016. 有机生长的城市更新与风貌保护：上海实践与创新思维 [J]. 世界建筑（4）：18-23.

王思成，徐艳枫，2015. 论中国城市创意产业的模式转型：以上海杨浦环同济知识经济圈为例 [J]. 中国名城（2）：15-21.

王思齐，黄砂，2013. 产城融合视角下张江高科技园区发展变迁与展望 [J]. 城市规划学刊（z2）：84-89.

王颖，程相炜，郁海文，等，2016. 上海市杨浦区面向 2040 年建设大学型城区的思路与对策探讨 [J]. 上海城市规划（1）：94-99.

杨芙蓉，黄应霖，2013. 我国台湾地区社区规划师制度的形成与发展历程探究 [J]. 规划师 29，（9）：31-35，40.

阳建强，陈月，2020.1949-2019 年中国城市更新的发展与回顾 [J]. 城市规划（2）：9-19.

于海，2011a. 城市更新的空间生产与空间叙事：以上海为例 [J]. 上海城市管理，20（2）：10-15.

于海，2011b. 旧城更新的权力维度和理念维度：以上海田子坊为例 [J]. 南京社会科学（2）：23-29.

于海，钟晓华，陈向明，2013. 旧城更新中基于社区脉络的集体创业：以上海田子坊商街为例 [J]. 南京社会科学（8）：60-68.

张晨杰，2015. 基于遗产角度的上海里弄建筑现状空间研究 [J]. 城市规划学刊，224（4）：111-118.

张励，2015. 试论新中国成立初期上海城市功能的转型 [J]. 史林（4）：20-27.

张尚武，陈烨，宋伟，马强，2016. 以培育知识创新区为导向的城市更新策略：对杨浦建设“知识创新区”的规划思考 [J]. 城市规划学刊，230（4）：62-66.

张松，2015. 上海黄浦江两岸再开发地区的工业遗产保护与再生 [J]. 城市规划学刊，

222（2）: 102-109.

赵海月，赫曦滢，2012. 列斐伏尔“空间三元辩证法”的辨识与建构 [J]. 吉林大学社会科学学报，52（2）: 22-27.

郑耀宗，2015. 上海文化创意产业园区发展现状研究 [J]. 上海经济（Z1）: 21-26.

周文泳，周小敏，2016. 国家大学科技园发展现状及问题分析：以上海地区为例 [J]. 价值工程，35（19）: 182-184.

诸大建，王红兵，2007. 构建创意城市：21 世纪上海城市发展的核心价值 [J]. 城市规划学刊，169（3）: 20-24.

邹琳，2015. 上海文化产业从业人员空间集聚初探 [J]. 中国城市研究，10（1）: 76-87.

ANDRES L，CHAPAIN C，2013. The Integration of Cultural and Creative Industries into Local and Regional Development Strategies in Birmingham and Marseille：Towards an Inclusive and Collaborative Governance? [J]. Regional Studies，47（2）: 161-182.

BETTIOL M，SEDITA S R，2011. The role of community of practice in developing creative industry projects[J]. International Journal of Project Management，29（4）: 468-479.

BROWN SaracinoJ，2010. Social Preservationists and the Quest for Authentic Community[J]. City & Community，3（2）: 135-156.

CARR J H，SERVON L J，2008. Vernacular Culture and Urban Economic Development：Thinking Outside the（Big）Box[J]. Journal of the American Planning Association，75（1）: 28-40.

CLARK E，1995. The rent gap re-examined[J]. Urban Studies，32（9）: 1489-1503.

CURRAN W，2007a. 'From the Frying Pan to the Oven'：Gentrification and the Experience of Industrial Displacement in Williamsburg，Brooklyn[J]. Urban Studies，44（8）: 1427-1440.

CURRAN W，2007b. In Defense of Old Industrial Spaces：Manufacturing，Creativity and Innovation in Williamsburg，Brooklyn[J]. International Journal of Urban and Regional Research，34（4）: 871-885.

CURRID E，2009. Bohemia as Subculture；"Bohemia" as Industry：Art，Culture，and Economic Development[J]. Journal of Planning Literature，23（4）: 368-382.

DELISLE J R, GRISSOM T V, 2013. An Empirical Study of the Efficacy of Mixed-Use Development: The Seattle Experience[J]. Journal of Real Estate Literature, 21（1）: 25-57.

DONEGAN M, LOWE N, 2008. Inequality in the Creative City: Is There Still a Place for "Old-Fashioned" Institutions? [J]. Economic Development Quarterly, 22（1）: 46-62.

EGER J M, 2006. Building Creative Communities: The Role of Art and Culture. [J]. Futurist, 40（1）: 18-22.

ETZKOWITZ H, 2012. Triple helix clusters: boundary permeability at university–industry–government interfaces as a regional innovation strategy[J]. Environment and Planning C: Government and Policy, 30（5）: 766-779.

EVANS G, 2009. Creative Cities, Creative Spaces and Urban Policy[J]. Urban Studies, 46（5-6）: 1003-1040.

GRODACH C, 2010. Art spaces, public space, and the link to community development[J]. Community Development Journal, 45（4）: 474-493.

GRODACH C, 2011. Art Spaces in Community and Economic Development: Connections to Neighborhoods, Artists, and the Cultural Economy[J]. Journal of Planning Education and Research, 31（1）: 74-85.

HARVEY D, 2003. The Right to the City[J]. International Journal of Urban and Regional Research, 27（4）: 939-941.

HE S, WU F, 2007. Socio-spatial impacts of property-led redevelopment on China's urban neighbourhoods[J]. Cities, 24（3）: 194–208.

HYSLOP D, 2012. Culture, regeneration and community: Reinventing the city[J]. Gateways: International Journal of Community Research and Engagement, 5（1）: 152-165.

MARKUSEN A, WASSALL G H, DENATALE D, et al, 2008. Defining the Creative Economy: Industry and Occupational Approaches[J]. Economic Development Quarterly, 22（1）: 24-45.

MARKUSEN A, SCHROCK G, 2009. Consumption-Driven Urban Development[J]. Urban Geography, 30（4）: 344-367.

MATARASSO F，2007. Common Ground：Cultural Action as a Route to Community Development[J]. Community Development Journal，42（4）：14.

MOLOTCH H，2002. Place in product[J]. International Journal of Urban and Regional Research，26（4）：665-688.

PISSOURIOS I，2014. Top-Down and Bottom-Up Urban and Regional Planning：Towards a Framework for The Use of Planning Standards[J]. European Spatial Research and Policy，21（1）：83-99.

PRATT A C，HUTTON T A，2013. Reconceptualising the relationship between the creative economy and the city：Learning from the financial crisis[J]. Cities，33：86-95.

RICH A，TSITSOS W，2016. Avoiding the 'SoHo Effect' in Baltimore：Neighborhood Revitalization and Arts and Entertainment Districts[J]. International Journal of Urban and Regional Research，40（4）：736-756.

SASAKI M，2010. Urban regeneration through cultural creativity and social inclusion：Rethinking creative city theory through a Japanese case study[J]. Cities，27（supp-S1）：S3-S9.

SCOTT A J，1999. The cultural economy：geography and the creative field[J]. Media，Culture & Society，21（6）：807-817.

SCOTT A J，2010. Cultural economy and the creative field of the city[J]. Geografiska Annaler，92（2）：115-130.

SMITH N，1987. Gentrification and the Rent Gap[J]. Annals of the Association of American Geographers，77（3）：462-465.

SMITH N，2002. New Globalism，New Urbanism：Gentrification as Global Urban Strategy[J]. Antipode，34（3）：427-450.

STERN M J，SEIFERT S C，2010. Cultural Clusters：The Implications of Cultural Assets Agglomeration for Neighborhood Revitalization[J]. Journal of Planning Education and Research，29（3）：262-279.

STEVENSON D，2004. 'Civic gold' rush：cultural planning and the politics of the Third Way[J]. International Journal，10（1）：119-131.

STORPER M，VENABLES A J，2004. Buzz：face-to-face contact and the urban economy[J]. Journal of Economic Geography, 4（4）: 351-370.

WU F, 2015. Commodification and housing market cycles in Chinese cities[J]. International Journal of Housing Policy, 15（1）: 6-26.

YÁÑEZ C J N, 2013. Do 'creative cities' have a dark side? Cultural scenes and socioeconomic status in Barcelona and Madrid（1991–2001）[J]. Cities, 35: 213-220.

ZARLENGA M I, ULLDEMOLINS J R, MORATO A R, 2016. Cultural clusters and social interaction dynamics: The case of Barcelona[J]. European Urban and Regional Studies, 23（3）: 422-440.

5. **报纸中析出的文献**

倪冬，2016. K11 商场 B3 层竟违规开设三个展览 [N]. 新闻晨报，08-21（A03）.

王铁军，2016. 创意经济显活力 [N]. 人民日报，08-26（7）.

6. **电子文献**

交通研究中心，上海市政公路，2012. 陆家嘴 CBD 地区交通组织及规划研究 [EB/OL].（10-05）[2018-07-25]. http://www.shsz.org.cn/book/shownews.asp?num=szzz-2012115133710.

南方周末，2016. "贩卖孤独" 青年公寓：为群居而生的乌托邦 [EB/OL].（02-07）[2018-06-01]. http://www.infzm.com/contents/115152.

上海观察，2016. 田子坊摸底调查：越来越像上海的"城隍庙" [EB/OL].（03-19）[2018-03-27]. http://www.shobserver.com/news/detail?id=11416.

上海社会组织，2017. 上海市民政局、上海市社会团体管理局关于印发《上海社会组织发展"十三五"规划》的通知 [EB/OL].（02-23）[2018-06-10]. http://stj.sh.gov.cn/node2/node3/n5/n53/u8ai12701.html.

上海市统计局，2017. 2016 年上海市国民经济运行情况 [EB/OL].（01-22）[2017-09-22]. http://www.stats-sh.gov.cn/xwdt/201701/293164.html.

唐韶葵，2017. 21 世纪经济报道 . 上海万科发布首个城市中心旧改项目 [EB/OL].（03-30）[2018-06-18].http://m.21jingji.com/article/20170330/herald/9344f546a4d8f0c6cb1978f9dd339e52.html.

央视财经，2017. 北京：鼓励国企用自有用地建保障房 [EB/OL].（12-08）[2018-01-08].

http：//www.thecover.cn/news/510261.

张琰，2016. 他们为什么离开田子坊 [J/OL]. 瞭望东方周刊 .（08-25）[2017-08-16]. http：//www.lwdf.cn/article_2555_1.html，

郑莹莹，2014. 上海旧区改造力度加大，今年拟拆旧屋 55 万平方米 [EB/OL].（04-08）[2017-02-04]. http：//www.chinanews.com/sh/2014/04-08/6039526.shtml.

中国青年报，2014. 上海明年统一停止街道招商引资 [EB/OL]. (12-28)[2018-07-10]. http://zqb.cyol.com/html/2014-12/28/nw.D110000zgqnb_20141228_4-02.htm.

祝碧衡,2015. 全球最活跃的创业生态圈告诉我们什么？ [EB/OL].（10-30）[2018-10-15]. http：//www.istis.sh.cn/list/list.aspx?id=9298.

CASCONE S，2014. Art World：53，000 Artists Vie for 89 Affordable East Harlem Apartments [EB/OL].（08-05）[2018-11-25].https：//news.artnet.com/art-world/53000-artists-vie-for-89-affordable-east-harlem-apartments-73273.

Michmouch14，2012. Designing Creative Clusters：Learning from Shanghai [EB/OL].（01-05）[2018-07-28].https：//feltysurface.wordpress.com/2012/01/05/designing-creative-clusters-learning-from-shanghai.

MINICOZZI J，2012. The Smart Math of Mixed-Use Development[EB/OL].（01-23）[2017-10-15]. https：//www.planetizen.com/node/53922.

PLITT A,2017. Domino affordable housing gets 87,000 applicants for 104 apartments [EB/OL].（02-15）[2018-12-01].https：//ny.curbed.com/2017/2/15/14622616/williamsburg-brooklyn-affordable-housing-domino.